装配式混凝土建筑施工实务

陕西建筑产业投资集团有限公司　主编

中国建筑工业出版社

图书在版编目（CIP）数据

装配式混凝土建筑施工实务 / 陕西建筑产业投资集团有限公司主编. — 北京：中国建筑工业出版社，2021.3（2022.3 重印）

ISBN 978-7-112-26039-3

Ⅰ.①装… Ⅱ.①陕… Ⅲ.①装配式混凝土结构—混凝土施工 Ⅳ.①TU755

中国版本图书馆 CIP 数据核字(2021)第 058647 号

全书内容共有 6 章，包括装配式混凝土建筑施工概述、装配式混凝土建筑吊装施工准备、装配式混凝土建筑吊装施工、典型预制混凝土构件装配施工、装配式混凝土建筑工程质量验收、装配式混凝土建筑施工组织管理与安全文明施工。

本书充分考虑建筑产业工人自我学习和技能培训的需要，以构件装配理论与实践为基本定位，以服务于各培训单位和培训人员为目标，紧扣装配式建筑施工实务，具有科学性、实用性和适应性的特点，内容深入浅出、通俗易懂、图文并茂。另外本书配套制作了视频教材，并在书中各个章节插附视频教学二维码，使用者可以通过扫描书中的二维码进入视频教学环节，文本与视频教学相结合的方式使本教材易学易懂，适用范围更广。本书是建筑产业工人职业技能考核的优选教材，也适应建筑产业工人自学以及相关专业人员参考使用。

责任编辑：朱晓瑜
责任校对：焦　乐

装配式混凝土建筑施工实务
陕西建筑产业投资集团有限公司　主编
*
中国建筑工业出版社出版、发行（北京海淀三里河路 9 号）
各地新华书店、建筑书店经销
北京红光制版公司制版
北京中科印刷有限公司印刷
*
开本：880 毫米×1230 毫米　1/32　印张：4⅞　字数：129 千字
2021 年 5 月第一版　　2022 年 3 月第二次印刷
定价：**25.00** 元
ISBN 978-7-112-26039-3
(37147)

前言
Preface

2016年9月，国务院办公厅印发的《关于大力发展装配式建筑的指导意见》（国办发〔2016〕71号）指出，力争用10年左右的时间，使装配式建筑占新建建筑面积的比例达到30%。该政策的出台在大力促进我国装配式建筑发展的同时，也给新时期建筑产业工人队伍的培养带来了更大的挑战和更高的要求。为提高建筑产业工人职业技能水平以适应新时代建筑业发展要求，为职业人才培养和发展提供岗位技术知识，编写本书。

本书在编制过程中进行了大量的调研、测试和验证工作，并在编写过程中参考了大量的相关教材、规范、书籍和论文等资料，为本书的编写质量奠定了坚实的基础。全书内容共有6章，包括装配式混凝土建筑施工概述、装配式混凝土建筑吊装施工准备、装配式混凝土建筑吊装施工、典型预制混凝土构件装配施工、装配式混凝土建筑工程质量验收、装配式混凝土建筑施工组织管理与安全文明施工。

本书充分考虑建筑产业工人自我学习和技能培训的需要，以构件装配理论与实践为基本定位，以服务于各培训单位和培训人员为目标，紧扣装配式建筑施工实务，具有科学性、实用性和适应性的特点，内容深入浅出、通俗易懂、图文并茂。另外本书配套制作了视频教材，并在书中各个章节插入视频教学二维码，使用者可以通过扫描书中的二维码进入视频教学环节，文本与视频教学相结合的方式使本书易学易懂，适用范围更广。本书是建筑产业工人职业技能考核的优选教材，也可供建筑产业工人自学以及相关专业人员参考使用。

本书编写工作技术性较强，编审委员会成员虽付出了艰苦的努力，但也难免会出现一些错误和不足，恳求广大读者提出宝贵意见和建议，以便今后修订完善。

本书编审委员会

2020 年 12 月

目 录
Contents

1 装配式混凝土建筑施工概述

装配式建筑是结构系统、外围护系统、设备与管线系统、内装系统的主要部分采用预制部品部件集成的建筑。装配式建筑实现了现场施工向工厂化生产的转变，具有节能、环保、施工速度快、质量高等优点。

1.1 装配式混凝土建筑的概念及分类

1.1.1 装配式混凝土建筑的定义

装配式建筑概念与分类

装配式混凝土建筑是指由工厂生产预制混凝土部品部件，然后通过相应的运输方式运到现场，采用可靠的安装方式装配而成的混凝土结构。其中，预制混凝土（Precast Concrete）简称PC。装配式混凝土建筑简称PC建筑，预制混凝土构件简称PC构件，制作混凝土构件的工厂简称为PC工厂。

1.1.2 装配式混凝土建筑的优势

我国建筑行业当前主流的施工模式是现场浇筑施工，即从搭设脚手架、支模、绑扎钢筋到现场浇筑混凝土的作业模式。但该模式存在材料浪费大、施工现场管理难、劳动成本高等弊病。装配式混凝土建筑相较于现浇钢筋混凝土建筑具有建造速度快、绿色环保等突出优势。其特点主要体现在：

（1）建筑设计标准化。装配式混凝土建筑设计是按照通用化、模数化、标准化的要求，以少规格、多组合的原则，实现了建筑及部品部件的系列化和多样化。

（2）部品生产工厂化。部品部件的工厂化生产有助于建立完善的生产质量管理体系，设置产品标识，提高生产精度，保障产品质量。

（3）现场施工装配化。由于现场投入了机械设备，减少了劳动用工，可有效地降低成本。同时，装配化施工受天气因素影响小，大大缩短了施工周期。

（4）结构装修一体化。装配式建筑实现全装修，内装系统与结构系统、外围护系统、设备与管线系统一体化建造设计，减少了材料现场加工对环境造成的污染。

（5）建造过程信息化。PC 构件在生产运输及施工过程中，可采用一体化生产、BIM 技术等信息化手段建立信息库，实现全专业、全过程的信息化管理。

1.1.3 装配式混凝土建筑分类

1. 按建筑高度分类

装配式混凝土建筑按高度分类，可分为低层装配式混凝土建筑、多层装配式混凝土建筑、高层装配式混凝土建筑、超高层装配式混凝土建筑。

2. 按结构体系分类

装配式混凝土建筑按结构体系分类，可分为装配整体式框架结构、装配整体式框架—现浇剪力墙结构、装配整体式框架—现浇核心筒结构、装配整体式剪力墙结构、装配整体式部分框支剪力墙结构。

1.2 装配式混凝土建筑设计、生产、施工基础知识

1.2.1 装配式混凝土建筑设计

装配式建筑基础知识

装配式混凝土建筑设计主要遵循标准模数化原则、协同设计原则、集成化原则（全装修、管线分离和同层排水）。其结构设计的主要内容包括：

（1）选择、确定结构体系；

（2）进行结构概念设计；

（3）确定结构拆分界面；

（4）作用计算与系数调整；

（5）确定连接方式，进行连接节点设计；

（6）预制构件设计；

（7）模具设计。

1.2.2 预制构件生产流程

预制混凝土构件主要生产环节包括：模具安装校准、钢筋与预埋件准备、预制构件制作。

1. 模具安装校准

预制构件常用模具有钢模具，也可用铝材等材料制作模具。其模具类型主要包括板类构件模具和异形构件模具。板类构件模具如预制混凝土外墙、预制内墙、预制叠合板、预制空调板模具等；异形构件模具如楼梯、飘窗模具等。其中，预制混凝土夹心保温外墙板模具如图 1-1 所示。

2. 钢筋与预埋件准备

预制构件钢筋准备包括钢筋调直、剪裁、成型、组成钢筋骨架。

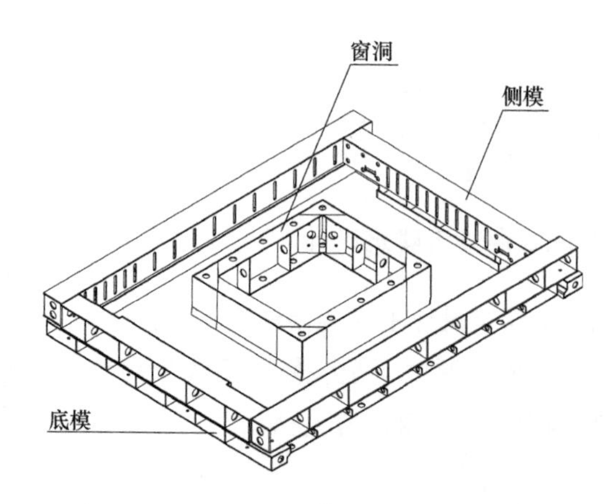

图 1-1　预制混凝土夹心保温外墙板模具

工厂钢筋加工宜采用自动化设备，提高质量与效率，如图 1-2、图 1-3所示。

预埋件准备应保证灌浆套筒与钢筋连接、金属波纹管与钢筋骨架连接、预埋件与钢筋骨架连接、管线套管与钢筋骨架连接、保护层垫块固定等的连接位置准确和可靠。

3. 预制构件制作

（1）自动化流水线工艺

预制构件自动化流水线如图 1-4 所示。自动化流水线可实现设计信息输入、模板自动清理、隔离剂自动喷涂、钢筋自动加工、自动化

图 1-2　自动弯箍机

图 1-3　钢筋网片自动焊接机

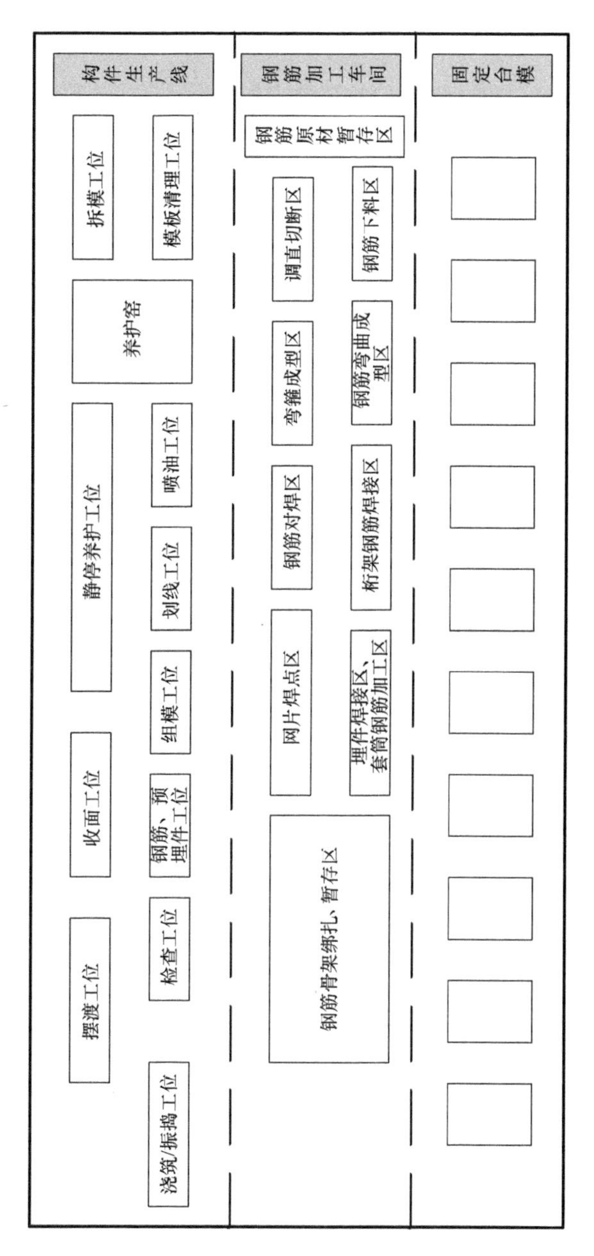

图 1-4 预制构件自动化流水线参考图

入模、混凝土自动浇筑、机械自动振捣、电脑控制自动养护、翻转机等全部工序的自动完成，如图 1-5～图 1-8 所示。

图 1-5　模台清扫设备

图 1-6　模具安装

图 1-7　螺旋式布料机

图 1-8　自动振动台

（2）预制构件制作工序

预制构件制作工艺流程如图 1-9 所示。

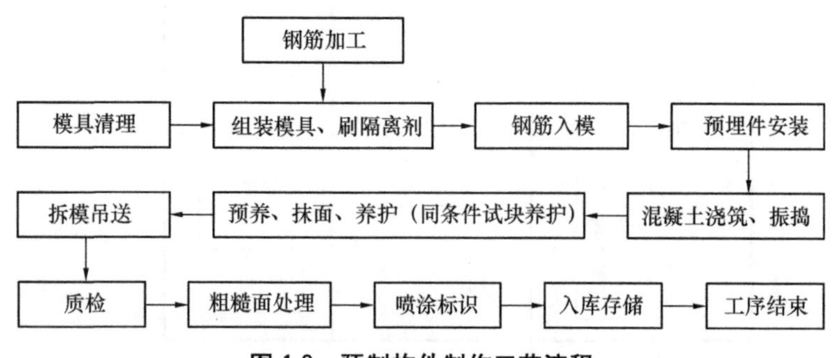

图 1-9　预制构件制作工艺流程

1.2.3 预制构件安装施工

预制构件运输应事先进行装车方案设计，制定运输方案，其内容包括运输时间、次序、存放场地、运输线路、固定要求、存放支垫及成品保护措施等。对于超高、超宽、形状特殊的大型构件的运输应有专门的质量安全保证措施。

预制构件到达施工现场后，现场监理人员和施工单位质检人员应对进入施工现场的预制构件以及构件配件进行检查验收。

装配式混凝土建筑的施工关键工序主要包括安装放线、预制构件吊装、临时支撑架立、灌浆作业、现场修补、临时安装缝施工、临时支撑拆除、后浇混凝土施工、特殊构件安装、表面处理等工序。

1.3 装配式混凝土建筑结构节点连接基础知识

装配式混凝土建筑的结构连接是指预制构件在吊装完成后，预制构件之间的节点经过某种连接方式进行连接，达到其结构性能等同现浇的一种施工工艺，是安装过程中的一项重要环节。其结构连接的分类如图 1-10 所示，主要分为湿式连接和干式连接两大类。其中湿式

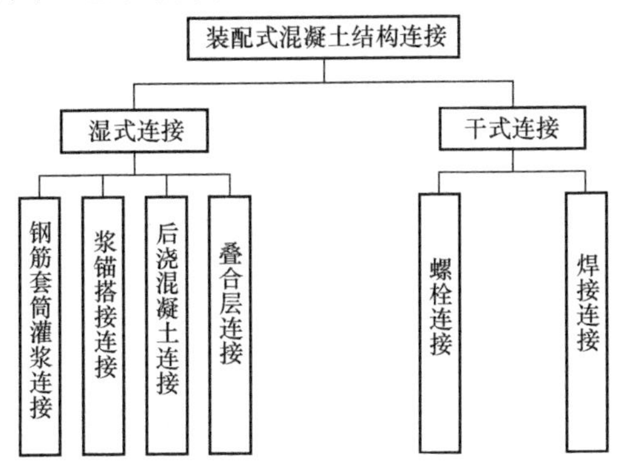

图 1-10 装配式混凝土结构连接分类

连接包括钢筋套筒灌浆连接、浆锚搭接连接、后浇混凝土连接、叠合层连接等，是装配整体式混凝土结构的主要连接方式。干式连接主要采用螺栓、焊接方式连接。全装配式混凝土结构主要采用干式连接方式，装配整体式混凝土建筑的一些非结构构件，如外挂墙板、ALC板、楼梯板等也常采用干式连接方式。

1.3.1 湿式连接

1. 钢筋套筒灌浆连接

将需要连接的带肋钢筋插入金属套筒内“对接”，在套筒内注入高强早强且有微膨胀特性的灌浆料，灌浆料凝固后在套筒筒壁与钢筋之间形成较大压力，在钢筋带肋的粗糙表面产生摩擦力，由此传递钢筋的轴向力，这种连接方式称为钢筋套筒灌浆连接。

套筒分为全灌浆套筒和半灌浆套筒。全灌浆套筒是接头两端均采用灌浆方式连接钢筋的套筒，如图 1-11 所示；半灌浆套筒是一端采用灌浆方式连接，另一端采用螺纹连接的套筒。

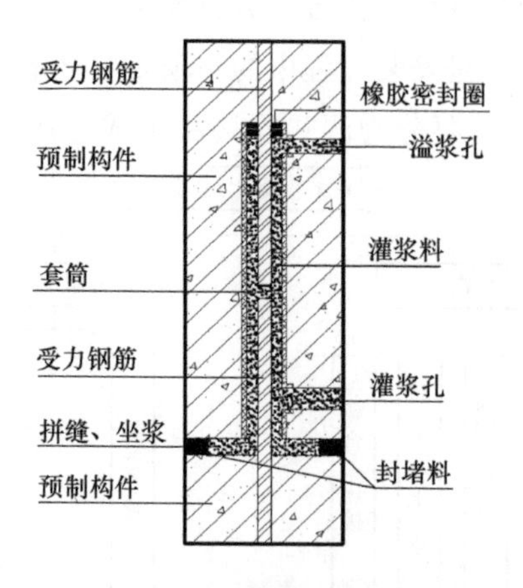

图 1-11 钢筋套筒灌浆连接

2. 钢筋浆锚搭接连接

将需要连接的钢筋插入预制构件预留孔内，在孔内灌浆锚固该钢筋，使之与孔旁的钢筋形成“搭接”，两根搭接的钢筋被螺旋钢筋或者箍筋约束形成的连接方式称为钢筋浆锚搭接连接。如图 1-12 所示。

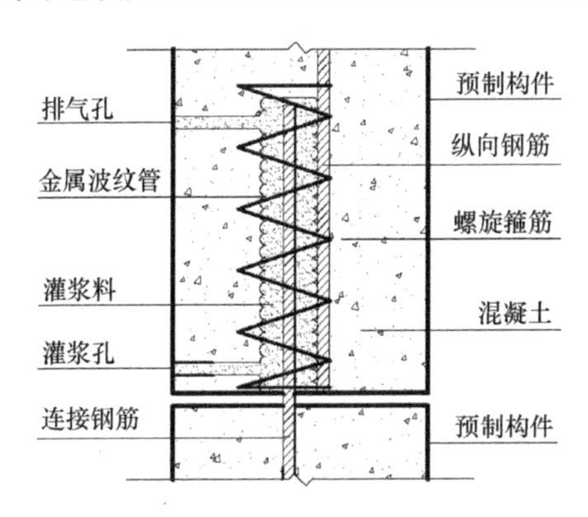

图 1-12 钢筋浆锚搭接连接

浆锚搭接连接按照成孔方式可分为金属波纹管浆锚搭接和螺旋内模成孔浆锚搭接。前者通过埋设金属波纹管的方式形成插入钢筋的孔道；后者在混凝土中埋设螺旋内模，混凝土达到强度后将内模旋出，形成孔道。

3. 后浇混凝土连接

后浇混凝土连接是指在预制构件安装完成后，在预制构件之间的接缝部位绑扎钢筋、支设模板并现浇混凝土，使预制构件连接为整体的方式。后浇混凝土连接如图 1-13 所示。

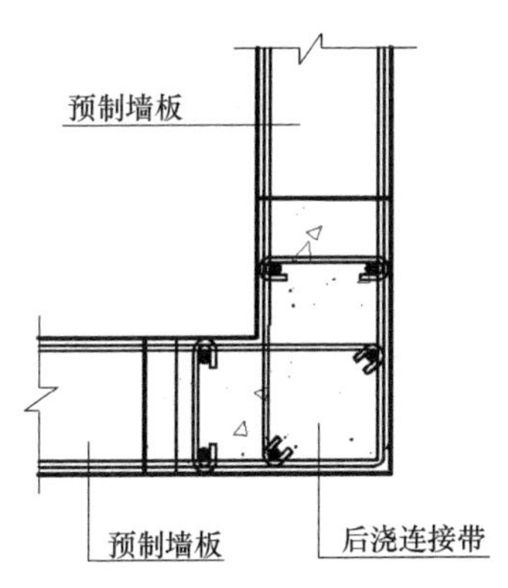

图 1-13 后浇混凝土连接

4. 叠合层连接

叠合层连接是指在预制层上敷设管线或绑扎钢筋后，在预制层上现浇混凝土从而使结构连接成为整体的方式。例如，叠合板连接方式如图 1-14所示。

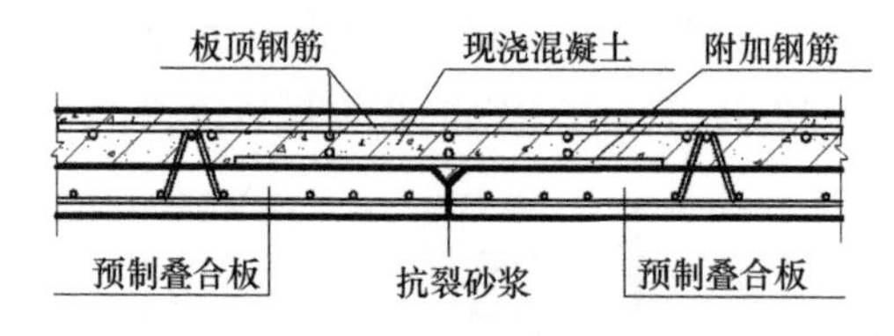

图 1-14　叠合板连接方式

1.3.2　干式连接

1. 螺栓连接

螺栓连接是指用螺栓和预埋件将预制构件与预制构件或预制构件与主体结构进行连接。在全装配式混凝土结构中，螺栓连接用于主体结构构件的连接；在装配整体式混凝土结构中，螺栓连接常用于外墙挂板、楼梯以及低层房屋等非主体结构构件的连接。

2. 焊接连接

焊接连接是指在预制混凝土构件中预埋钢板，构件之间采用焊接方式进行连接。与螺栓连接一样，焊接方式在装配整体式混凝土结构中，仅用于非结构构件的连接。在全装配式结构中，可用于结构构件的连接。

1.4　装配式混凝土建筑结构施工图识图

建筑产业工人的主要工作包括构件场内吊运与堆放、构件起吊与安装等。为保证建筑产业工人作业顺利开展，建筑产业工人需要掌握装配式建筑结构施工图识图基本知识，主要包括结构平面布置图、预制构件详图、预制构件连接节点图等。

1.4.1 结构平面布置图识图

预制构件结构平面布置图是表示各层预制构件布置情况及相互关系的图样，是施工时布置或安放各层预制构件和后浇混凝土的依据。预制构件结构平面布置图一般包含预制构件的平面位置、构件编号、尺寸、装配方向、构件接缝位置及尺寸、后浇段位置及尺寸等。其中，常见预制构件代号如表 1-1 所示。

常见预制构件代号汇总 **表 1-1**

预制构件名称	代号
预制外墙板	YWQ
预制内墙板	YNQ
预制叠合板	DLB/YDB* /YB*
预制叠合梁	DL/YKL* /YL*
预制柱	YKZ*
预制阳台板	YYTB/YTB*
预制空调板	YKTB/YKB*
预制楼梯	YLT* /YTB* /YLTB*
预制女儿墙	YNEQ/NQ* /NEQ*
预制外墙挂板	YWGB*
预制隔墙板	GQ
预制双 T 板	YTP
预制综合管廊	YGL*
预制看台板	YKB*
……	……

注：本表中的预制构件代号主要以国家建筑标准设计图集《装配式混凝土结构表示方法及示例（剪力墙结构）》15G107-1 为准，国标图集未提及代号的构件用 * 表示作为参考。

装配式混凝土建筑主要分为装配整体式混凝土剪力墙结构建筑和装配整体式混凝土框架结构建筑。装配整体式混凝土剪力墙结构主要采用的预制构件包括预制夹心保温外墙、预制内墙、预制叠合板、预制楼梯、预制阳台板、预制空调板、预制女儿墙等；装配整体式混凝土框架结构主要采用的预制构件包括预制柱、预制叠合梁、预制叠合板、预制楼梯、预制女儿墙等。本书以装配整体式混凝土剪力墙结构中预制剪力墙结构平面布置图（图 1-15）和叠合板结构平面布置图（图 1-16）为例，阐述装配式建筑结构平面布置图识图知识。

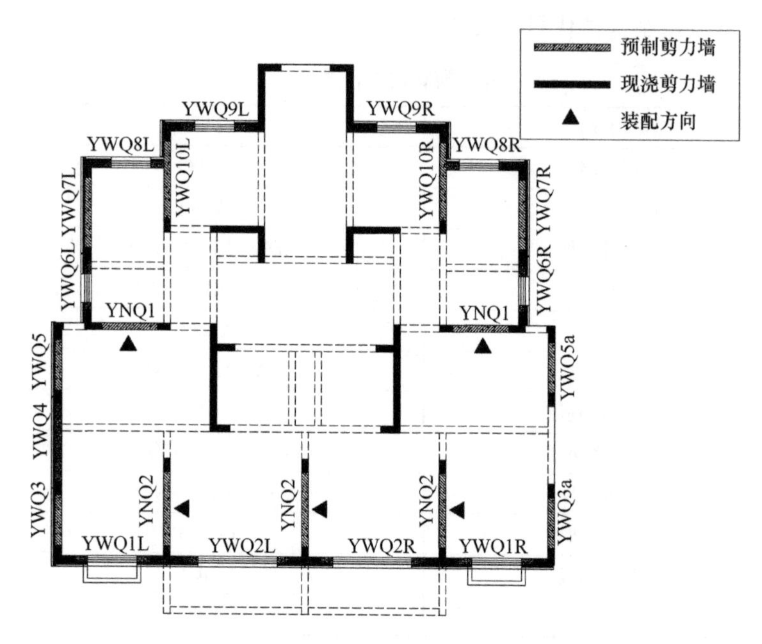

图 1-15　某项目标准层预制剪力墙结构平面布置图

1. 预制剪力墙结构平面布置图

预制剪力墙结构平面布置图主要表示预制内、外剪力墙的平面位置、构件编号、尺寸（表 1-2）、装配方向（构件详图的主视方向）、标高，以及预制墙板之间的后浇带位置、墙板编号及尺寸等信息内容。某项目标准层预制剪力墙结构平面布置图如图 1-15 所示。

装配式建筑结构平面布置图识图

预制墙板表 表 1-2

构件编号	内叶板尺寸(长×高×厚)(mm)	外叶板尺寸(长×高×厚)(mm)	重量(t)
YWQ1L/R	2300×2800×200(1500×1800)	3370×2980×60	3.00
YWQ2L/R	3200×2800×200(2400×1800)	4180×2980×60	2.63
YWQ3/3a	1500×2800×200	2310×2980×60	3.15
YWQ4	2300×2800×200	2680×2980×60	4.43
YWQ5/5a	1500×2800×200	2210×2980×60	3.15
YWQ6L/R	1450×2800×200(1050×1800)	2040×2980×60	2.13
YWQ7L/R	2050×2800×200(2100×1800)	2860×2980×60	4.15
YWQ8L/R	1800×2800×200(1200×1800)	2380×2980×60	2.43
YWQ9L/R	1850×2800×200(1200×1800)	2830×2980×60	2.70
YWQ10L/R	2300×2800×200	2860×2980×60	4.15
YNQ1	1700×2800×200	—	2.38
YNQ2	2200×2800×200	—	3.08

注：YWQ3 表示预制外墙 3，YWQ3a 表示该预制外墙除了线盒位置等不同外，其他参数和 YWQ3 相同。YWQ1 表示预制外墙 1，YWQ1L 和 YWQ1R 表示尺寸参数相同，位置不同的预制外墙 1。

2. 叠合板结构平面布置图

叠合板结构平面布置图主要表示叠合板的平面位置、构件编号、尺寸、标高，以及叠合板之间的接缝位置、构件编号及尺寸(表 1-3)等信息内容。某项目标准层叠合板结构平面布置图如图 1-16 所示。

叠合板预制底板表 表 1-3

构件类型	构件编号	尺寸(长×宽×厚)(mm)	重量(t)
叠合板	YDB1L/R	2820×2220×60	0.94
	YDB2L/R、YDB3L/R	2670×1260×60	0.50
	YDB4L/R	2720×1220×60	0.50
	YDB5L/R	2560×2420×60	0.93
	YDB6L/R、YDB7L/R	2820×2110×60	0.89
	YDB8L/R、YDB9L/R	3120×1710×60	0.80
	YDB10L/R、YDB11L/R	4020×1710×60	0.41
	YDB12L/R	4020×1320×60	0.80
	YDB13L/R	2220×1620×60	0.55

注：YDB1 表示预制叠合板 1，YDB1L 和 YDB1R 表示尺寸参数相同，位置不同的预制叠合板 1。

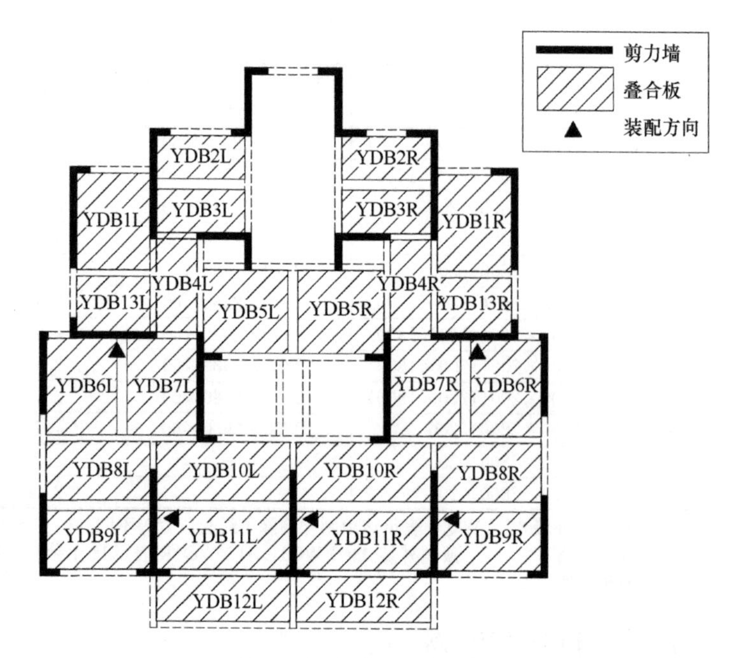

图 1-16 某项目标准层预制叠合板平面布置图

1.4.2 预制构件详图识图

建筑产业工人应能识别预制构件名称、预制构件上各出筋用途、预制构件吊点位置、预制构件支撑预埋点、预制构件灌浆套筒注浆孔和出浆孔、预制构件剪力键槽和粗糙面等。

1. 预制外墙板

参见图 1-17。

2. 预制叠合板

参见图 1-18。

3. 预制叠合梁

参见图 1-19。

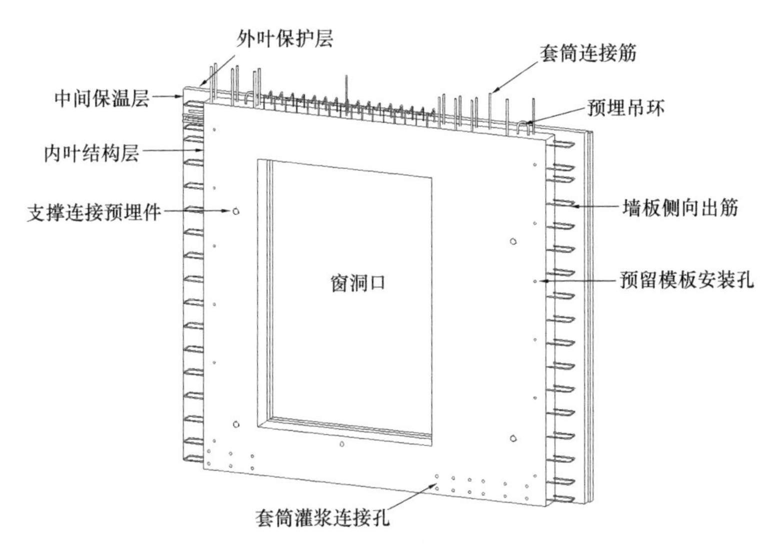

图 1-17　预制外墙板

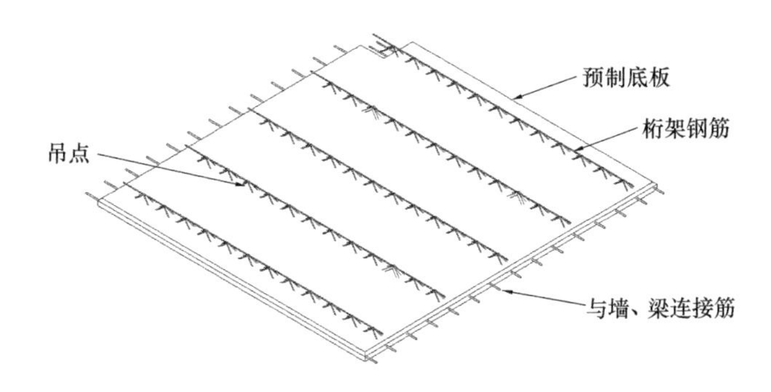

图 1-18　预制叠合板

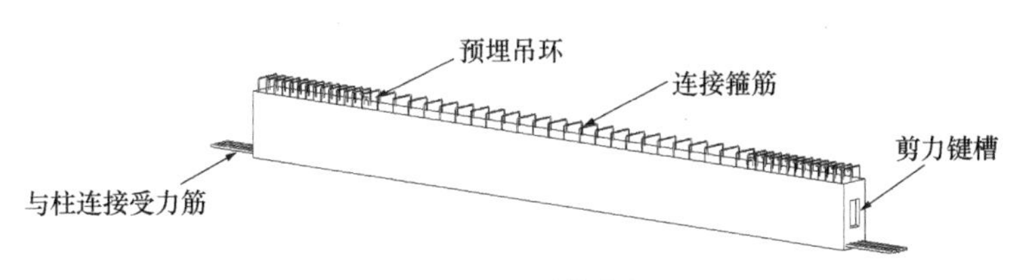

图 1-19　预制叠合梁

4. 预制柱

参见图 1-20。

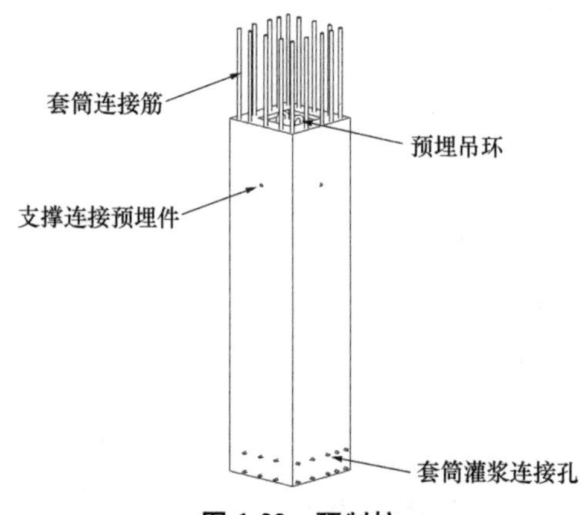

图 1-20　预制柱

5. 预制阳台板

参见图 1-21。

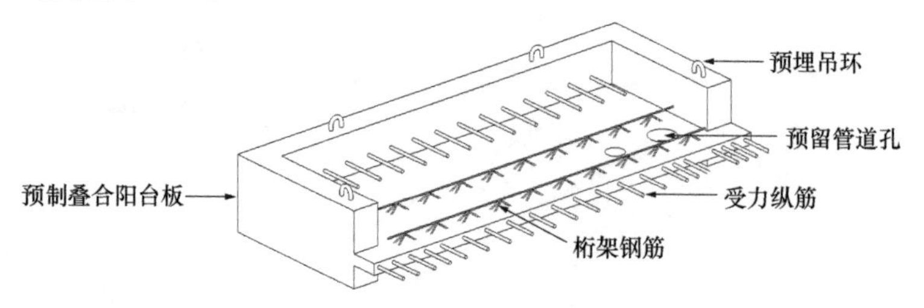

图 1-21　预制阳台板

6. 预制空调板

参见图 1-22。

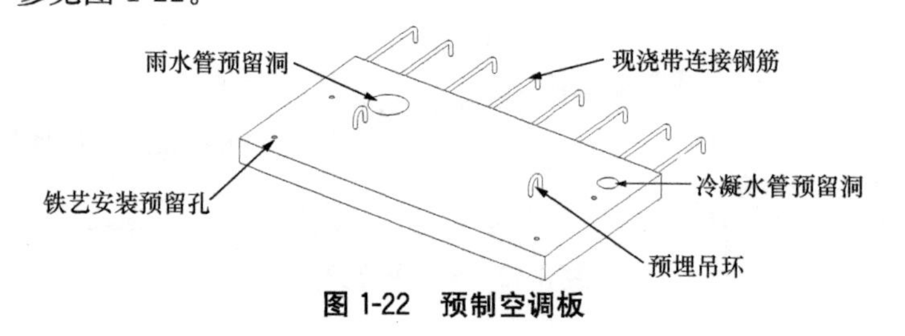

图 1-22　预制空调板

7. 预制楼梯

参见图 1-23。

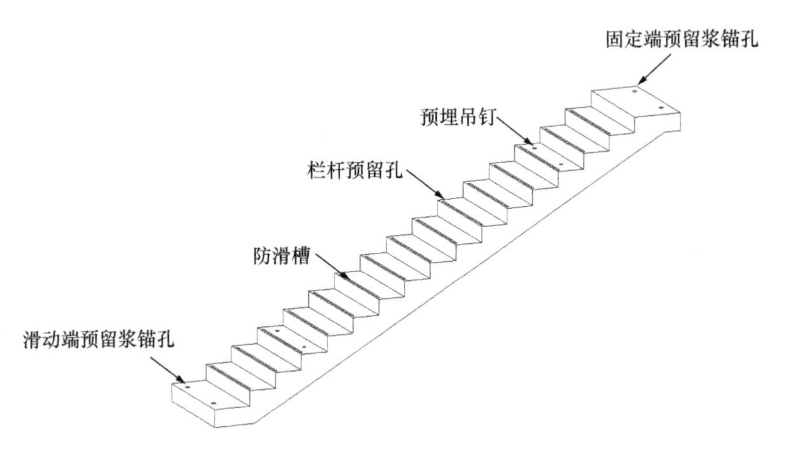

图 1-23 预制楼梯

8. 预制女儿墙

参见图 1-24。

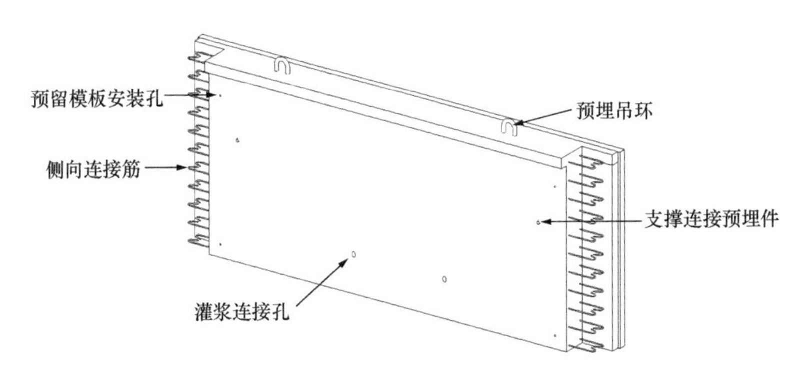

图 1-24 预制女儿墙

9. 预制外墙挂板

参见图 1-25。

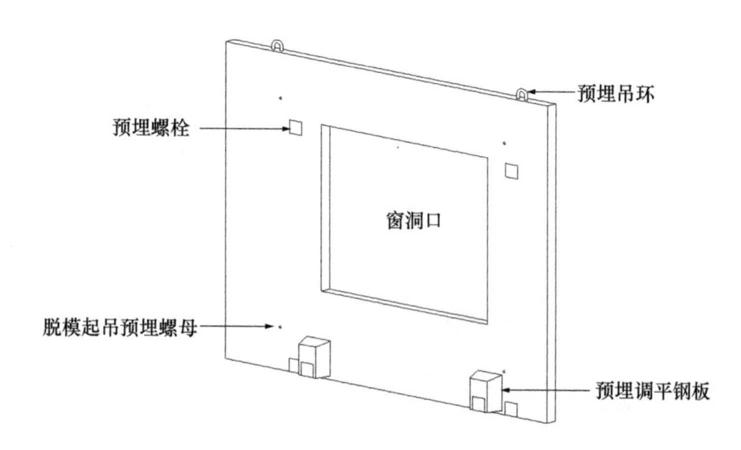

图 1-25　预制外墙挂板

10. 预制双 T 板

参见图 1-26。

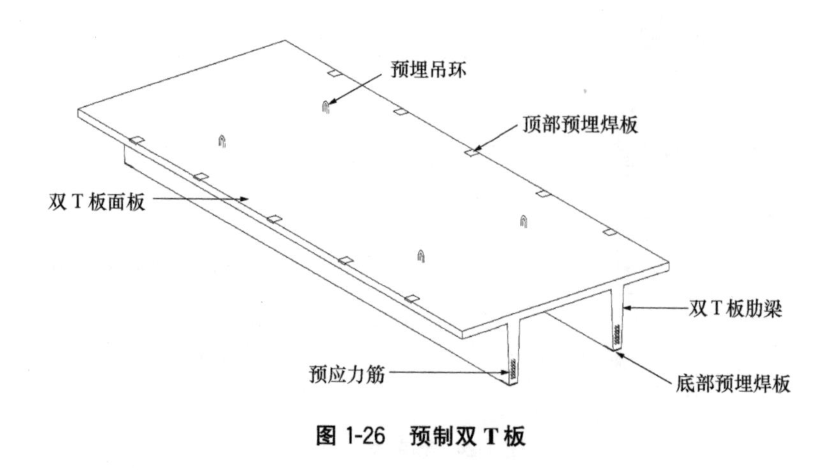

图 1-26　预制双 T 板

11. 预制综合管廊

参见图 1-27。

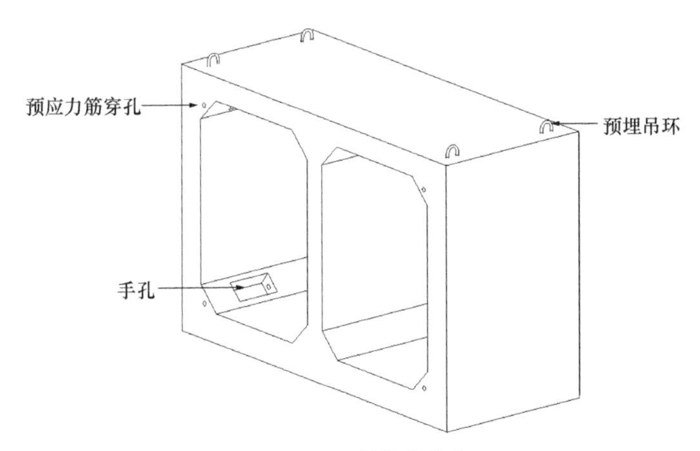

图 1-27 预制综合管廊

12. 预制看台板

参见图 1-28。

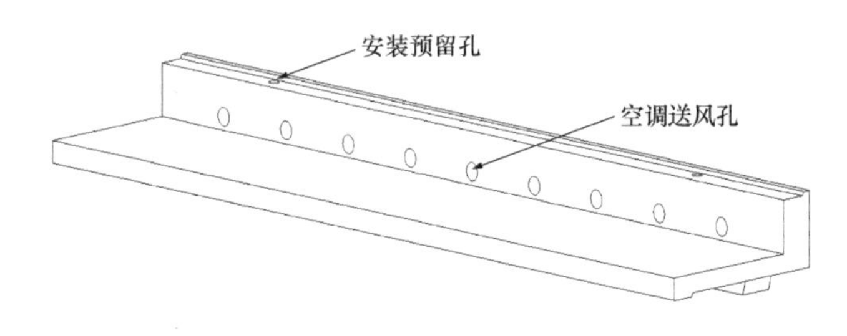

图 1-28 预制看台板

1.4.3 预制构件连接节点图识图

预制构件连接节点图识图

预制构件的连接节点是装配式混凝土结构的重要部位，成熟可靠的节点连接技术是保证装配式结构整体性、安全性的关键。建筑产业工人应掌握预制构件连接节点图识图基本知识。

1. 预制剪力墙套筒灌浆连接节点

预制剪力墙外墙套筒灌浆连接节点见图 1-29，内墙连接节点见图 1-30。

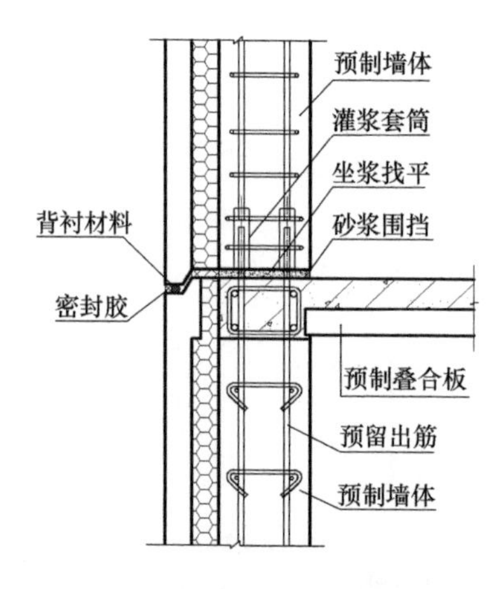

图 1-29　预制剪力墙外墙套筒灌浆连接节点

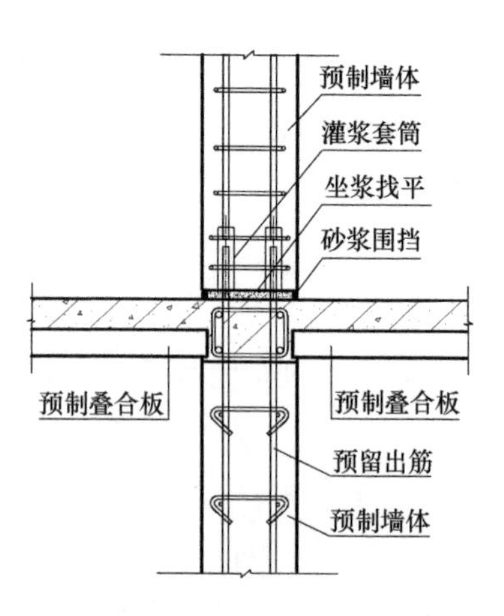

图 1-30　预制剪力墙内墙套筒灌浆连接节点

2. 预制叠合板连接节点

预制叠合板连接节点如图 1-31～图 1-34 所示。

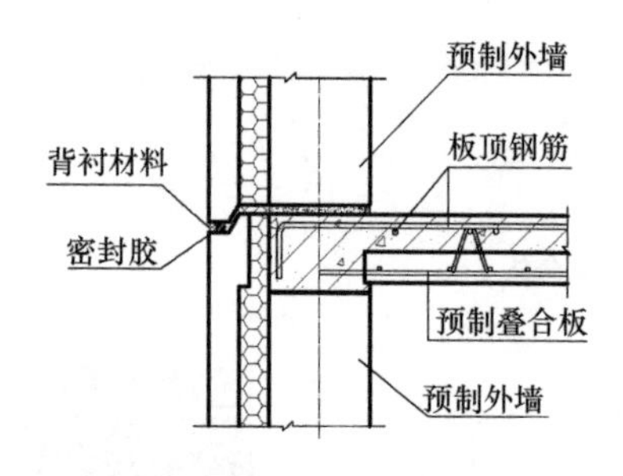

图 1-31　预制叠合板与预制外墙连接节点

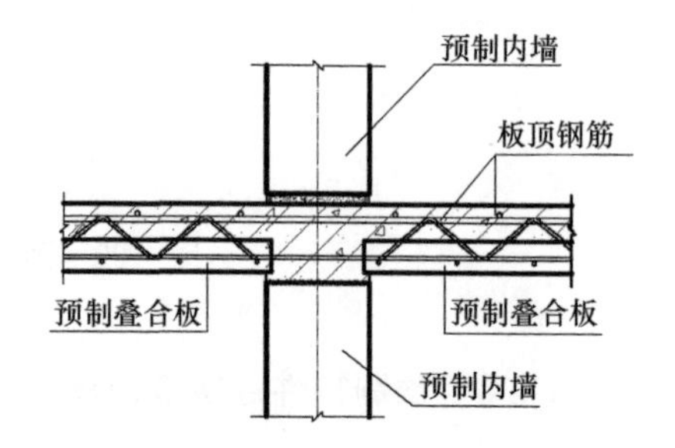

图 1-32　预制叠合板与预制内墙连接节点

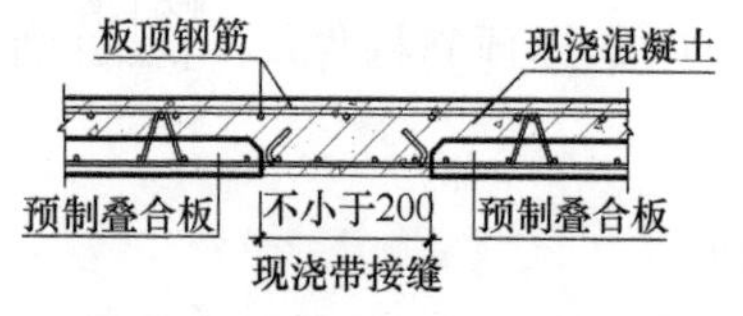

图 1-33　预制叠合板双向板接缝

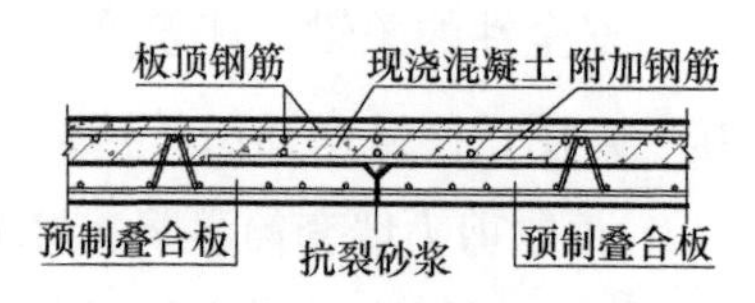

图 1-34　预制叠合板单向板接缝

3. 预制梁柱连接节点

预制梁柱连接节点如图 1-35、图 1-36 所示。

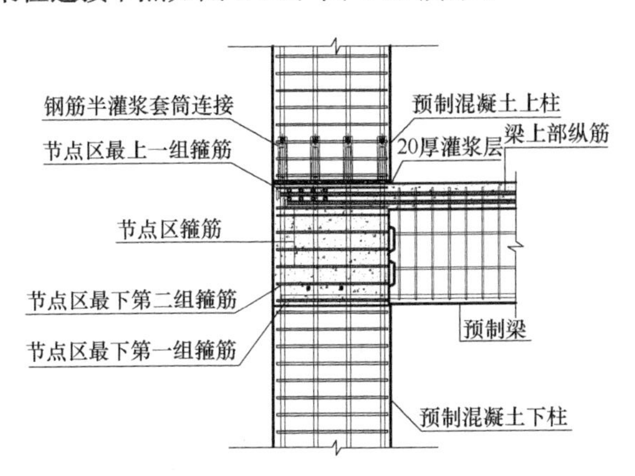

图 1-35 预制梁与端柱连接节点

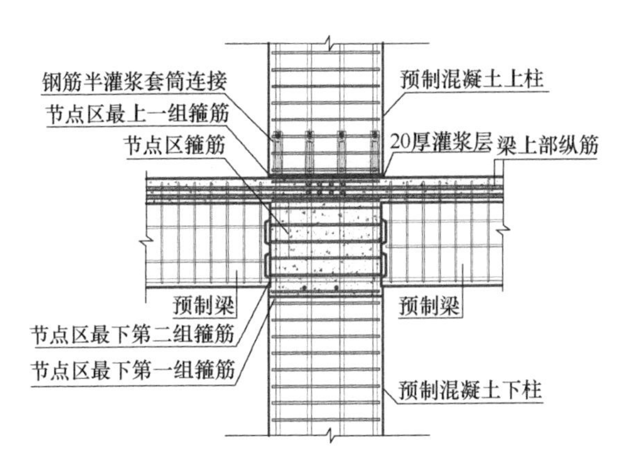

图 1-36 预制梁与中柱连接节点

4. 预制楼梯连接节点

预制楼梯连接节点如图 1-37、图 1-38 所示。

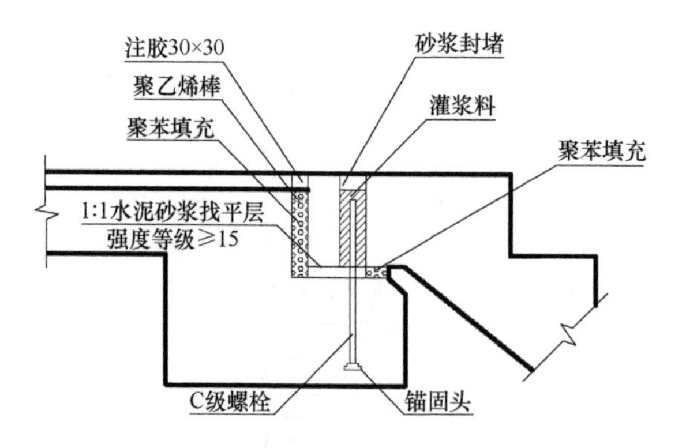

图 1-37 预制楼梯固定铰端节点

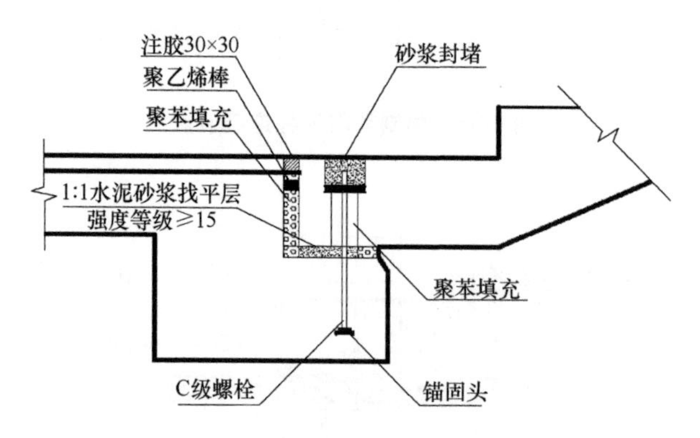

图 1-38 预制楼梯滑动铰端节点

1.4.4 建筑、结构、设备施工图

建筑工程图是以投影原理为基础，按国家规定的制图标准，把已经建成或尚未建成的建筑工程的形状、大小等准确地表达在平面上的图样，并同时标明工程所用的材料以及生产、安装等的要求。它是工程项目建设的技术依据和重要的技术资料。建筑工程图纸分为建筑施工图、结构施工图和设备施工图。

建筑施工图是用来表示房屋的规划位置、外部造型、内部布置、内外装修、细部构造、固定设施及施工要求等的图纸。它包括建筑总平面图、建筑平面图、建筑立面图、建筑剖面图和建筑详图。

结构施工图是用来表示承重构件的布置、形状、大小及内部构造的工程图样，是承重构件以及其他受力构件施工的依据。结构施工图包括基础平面图、基础剖面图、屋盖结构布置图、楼层结构布置图、梁板柱配筋图、楼梯图、结构构件图或表以及必要的详图。装配式建筑的结构施工图除包含上述内容外，还包括预制构件结构平面布置图、预制构件详图（包括模板图和配筋图）、预制构件节点详图等能够提供给 PC 工厂和施工现场构件生产和施工安装信息的全套图纸。

设备施工图主要表示各种设备、管道和线路的布置、走向以及安装施工要求等。设备施工图又分为给水排水施工图（水）、供暖通风与空调施工图（暖通）、电气施工图（电）等。

1.5 装配式混凝土建筑施工工器具

装配式混凝土建筑构件吊装离不开机械及工器具，掌握预制构件吊装工器具的正确使用，可以提高装配施工速度，保证质量，安全生产。

1.5.1 测量放线工具

预制构件
吊装工器具

装配式建筑结构定位测量与标高控制是一项重要的施工内容，如何保证每个构件的相对位置与个体位置的正确，符合设计要求，关系装配式建筑物定位、安装、标高的控制，需要通过测量的抄平与放线来完成校正工作，这样测量放线的工具运用就显得较为重要了。

1. 全站仪

全站仪（图 1-39）具有角度测量、距离（斜距、平距、高差）测量、三维坐标测量、导线测量、交会定点测量和放样测量等多种用途。在同一个测站点，可以完成全部测量的基本内容。

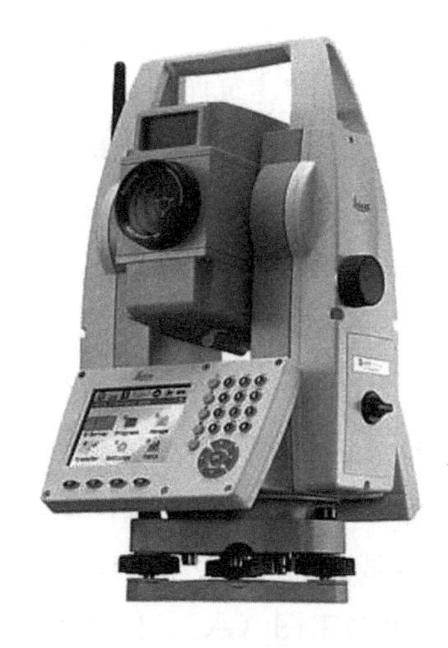

图 1-39 全站仪

在装配式建筑结构施工测量放样中，全站仪可以引测控制轴线、楼面弹线、水平标高，将设计好的构件、管线的位置测设到地面上，实现三维坐标快速施工放样。

全站仪的使用步骤：安置全站仪→开机→仪器自检→设置参数→测量。

2. 水准仪

构件装配中，常用水准仪（图 1-40）建立水平面或水平线，确定标高，放置好调整墙体标高的垫块，并与测量塔尺配合使用校核叠合板的水平度。

图 1-40 水准仪

水准仪的使用步骤：安置仪器→粗平→瞄准→精平与读数。

3. 经纬仪

施工前要用经纬仪（图 1-41）复核轴线，用水准仪确定标高，并用墨线在不易损坏的固定物上做出记号，注明标高，并做好记录。

经纬仪的使用步骤：架设仪器→对中→整平→瞄准与读数。

4. 激光铅垂仪

使用激光铅垂仪（图 1-42）将主控轴线引测到楼面上，根据施工图，配合钢卷尺、50m 钢尺将轴线、墙柱边线、门窗洞口线、200mm 控制线等用墨线在楼面上弹出。

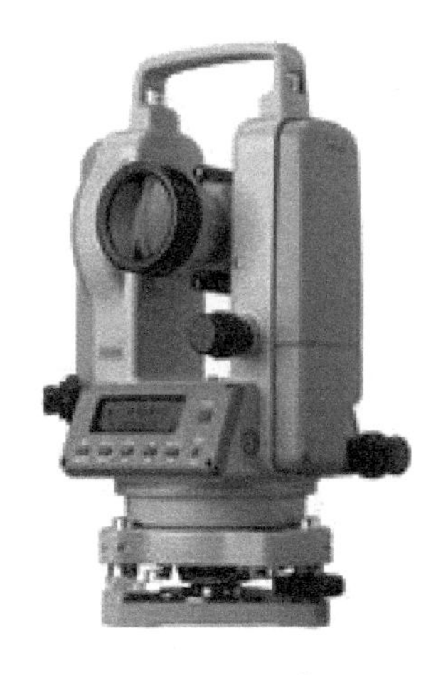

图 1-41 经纬仪

图 1-42 激光铅垂仪

激光铅垂仪的使用步骤：首层轴线控制点上安置仪器→对中→放置接受靶→标记投测点。

5. 测量仪器的维护和保养

测量仪器是复杂而又精密的设备，在室外作业时，可能经常遭受风雨、日晒、灰尘和潮湿水汽等有害因素的侵蚀。因此，正确地使用，妥善地保养，定期检查校验对于保证仪器的精度、延长其使用年限具有极其重要的意义。

（1）仪器的保存

存放仪器的房间，应清洁、干燥、明亮且通风良好，室温不宜剧烈变化，最适宜的温度是10～16℃。

（2）在施测过程中的注意事项

1）在整个施测过程中，测量人员不得离开仪器。

2）仪器在野外作业时，必须用伞遮住太阳。

3）仪器箱上不能坐人。

1.5.2 起重机械

1. 汽车式起重机

汽车式起重机（图1-43）最大的特点是具有载重汽车的行驶性能，机动灵活，行驶速度高，可快速转移到作业场地，并快速投入工作。特别适用于流动性大、不固定的作业场地。

图1-43 汽车式起重机

一般情况下，预制构件厂、PC构件卸车、吊装工程量较大的普通低多层装配式结构吊装宜选用汽车式起重机。

2. 塔式起重机

塔式起重机（图1-44）简称塔机，亦称塔吊。塔式起重机的起重臂安装在塔身顶部，可作360°回转，作业空间大。

图 1-44 塔式起重机

(1) 适用范围

塔吊具有较高的起重高度、工作幅度和起重能力，是现代工业和民用建筑中的重要起重设备。

对于多层装配式结构吊装，常选用普通塔式起重机（轨道式或固定式）。

对于高层或超高层装配式结构吊装，则需选用附着式塔式起重机或内爬升式塔式起重机。内爬升式塔式起重机的优点是自重轻，不随建筑物高度的增加而接高塔身，机械多安装在结构中央，附着式塔式起重机安装在建筑物外侧。

(2) 选型原则

所选起重机的三个工作参数，即起重量 Q、起重高度 H 和工作幅度（回转半径）R 均必须满足结构吊装要求。

1) 起重量 Q

装配式建筑施工主要吊装预制墙、梁、板、柱等预制构件，其单件质量通常较重。实际项目中，对塔机起重量要求更高，应根据构件最大重量选择起重机型号。通常来说，单个装配式建筑项目要求塔机端部起重量在 2t 以上两台或 3.5t 的一台来完成吊装任务。预制构件吊装塔机型号基本在 160～350t·m。

PC 构件起吊及落位整个过程是否超荷，需进行塔吊起重能力验算。

2）起重高度 H

塔式起重机的起重高度应大于建筑物高度、安全吊装高度、预制构件最大高度、索具高度之和。此外还需考虑建筑中相邻塔吊的安全垂直距离。

3）工作幅度 R

工作幅度是指塔式起重机回转中心到吊钩可达到最远处的距离，决定塔吊的覆盖范围。布置塔式起重机时，塔臂应覆盖堆场构件，避免初选覆盖盲区，减少预制构件的二次搬运。

图 1-45　千斤顶

起重量与工作幅度的乘积等于起重力矩，起重力矩一般控制在额定起重力矩的 75%以下。

3. 千斤顶

千斤顶（图 1-45）是通过顶部托座或底部托爪的小行程内顶开重物的起重设备。其结构轻巧坚固、灵活可靠，一人即可携带和操作。

PC 构件就位后，在构件下部用千斤顶顶牢柱子和三角铁，微调构件左右位置确保构件到位。

1.5.3　构件安装工器具

1. 钢筋定位卡具

(1) 功能

预制构件之间的竖向连接依靠灌浆套筒连接，要求底部钢筋与灌浆套筒位置对应，下部结构伸出的钢筋要插入上层预制构件底部的灌浆套筒中。因此，底部钢筋的位置定位尤为重要。在预制墙或预制柱施工时，下部结构伸出钢筋位置不准确，会严重影响施工进度和施工质量；为确保钢筋位置准确，可采用焊接钢筋框、钢套板等钢筋定位卡具进行钢筋定位。

(2) 使用要求

钢筋定位卡具（图 1-46）以预制构件工厂模具图为准进行深化，应编制单独编号，钢套板所有钢筋孔洞采用激光开洞，确保施工精度。

图 1-46 钢筋定位卡具

当外露连接钢筋倾斜时，应进行校正，运用钢筋定位卡具后，便于现场预制柱或墙体吊装就位快速、准确，保证施工质量，降低施工难度。

2. 钢筋校正工具

(1) 功能

在装配式建筑施工中，由于现场环境复杂、工人操作不规范等因素，钢筋的移位问题很难避免，而处理这些钢筋移位问题就需要在作

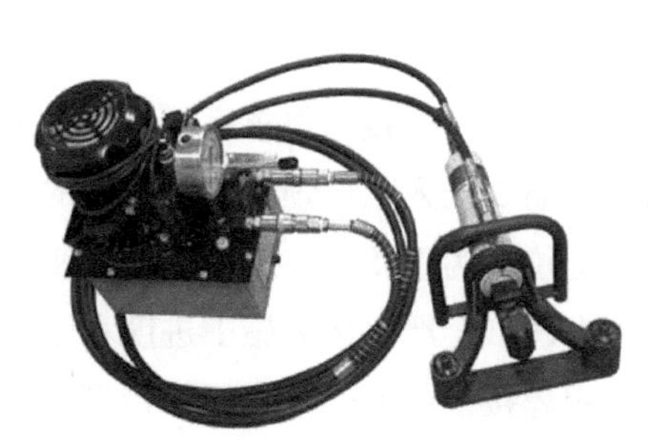

图 1-47　手提式液压钢筋弯曲机

业现场进行钢筋校正。工程中常用手提式液压钢筋弯曲机（图 1-47）对钢筋进行高效率、高质量地校正。

（2）使用要求

手提式液压钢筋弯曲机整体结构简单，采用超高压液压系统驱动，操作使用方便，稳定性好，可靠性高，利于保证钢筋弯折的质量，轻便灵活，提高工作效率，适合普通弯曲机难以达到的工地现场流动作业。

3. 扳手

扳手（图 1-48）是一种常用的安装与拆卸工具，是利用杠杆原理拧转螺栓、螺钉、螺母或套孔固件的手工工具。扳手有工作扳手和力矩扳手两种。工作扳手是专用于钢筋连接套筒与钢筋连接丝头连接的工具。力矩扳手是专用于检测钢筋连接套筒与钢筋连接丝头连接的拧紧力矩值。

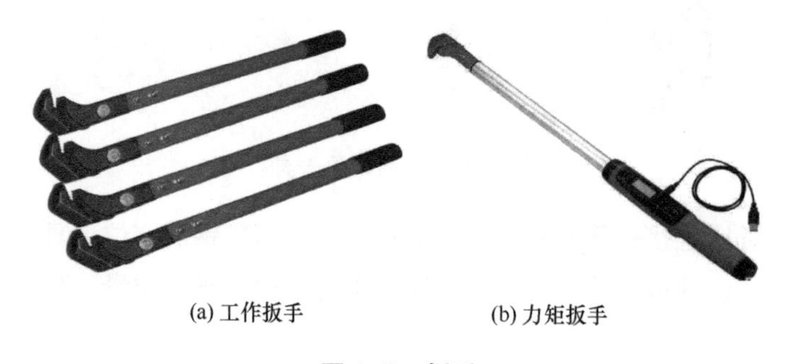

(a) 工作扳手　　(b) 力矩扳手

图 1-48　扳手

4. 辅助对位平面镜

（1）功能

靠使用镜子反射来引导辅助预制构件的吊装，可满足现场快速精准就位，防止定位钢筋被预制构件破坏。

（2）使用方法

将预制构件平稳吊运至距楼面 500mm 左右时停止降落。操作人员手扶预制构件引导降落，把镜子放在预制构件结合面附近，用镜子观察下层预留连接钢筋是否对准预制构件底部钢筋套筒内，缓慢降落到垫片后停止降落，如图 1-49 所示。

图 1-49 辅助对位平面镜示意图

5. 靠尺

（1）功能

靠尺（图 1-50）主要用来检测预制柱和预制墙板等竖向构件的垂直度。

（2）使用方法

手持 2m 靠尺中心，位于同自己腰高的竖向构件上，按刻度仪表显示规定读数，读取上面的读数确定垂直度，并进行调整工作。

图 1-50 靠尺

6. 吊梁和吊架

吊梁（图 1-51）和吊架（图 1-52）用于保持预制构件的平衡，缩短吊索的高度，减小起吊高度，合理分配或平衡各吊点的载荷，减少构件起吊时所承受的拉力，避免吊索损坏构件。

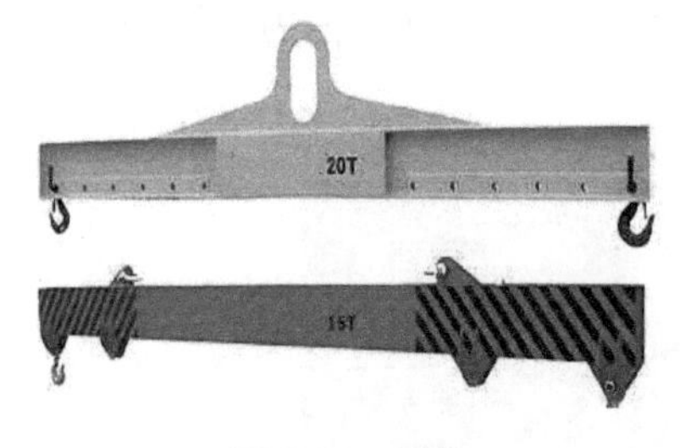

图 1-51 吊梁

图 1-52 吊架

7. 其他工具

构件装配过程中还会用到钢丝绳（图 1-53）、卸扣（图 1-54）、吊钩（图 1-55）和注浆泵（图 1-56）等工具。

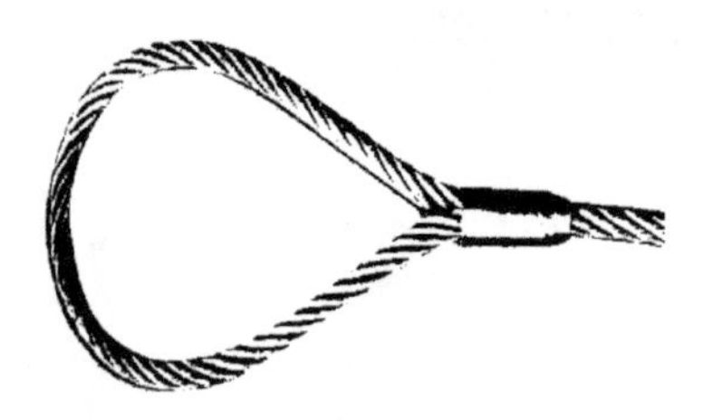

图 1-53 钢丝绳

图 1-54 卸扣

图 1-55 吊钩

图 1-56 注浆泵

1.5.4 临时支撑工器具

预制构件就位、吊钩脱钩前，须设置临时支撑系统以维持构件自身稳定，避免发生平面外滑动。临时支撑系统应根据预制构件的种类及受力情况进行合理规划与设计。

1. 竖向预制构件临时支撑系统

斜支撑（图 1-57）的上端用于连接预制构件，下端用于连接结构楼面，中下侧设有构件垂直度调节装置和锁定装置。施工过程中，构件临时固定后，采用靠尺检验预制构件垂直度，旋转斜支撑手把调整，当预制构件的吊装达到设计要求精度后，对调节装置实施锁定。

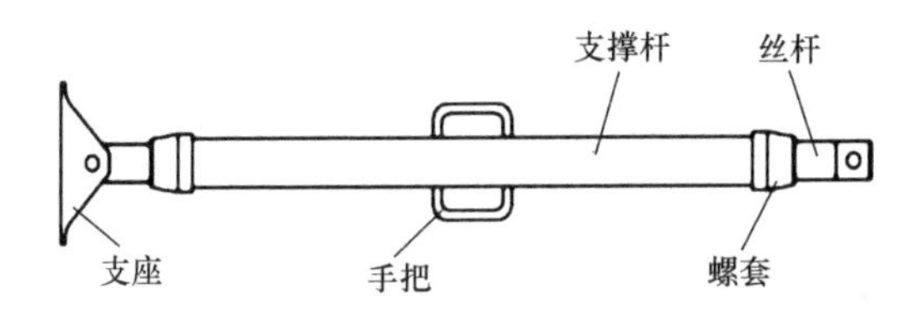

图 1-57 斜支撑

斜支撑主要用于预制剪力墙、预制柱、预制女儿墙等竖向预制构件。支撑在预制构件吊装就位后进行安装，起临时性固定预制构件和保证预制构件位置准确的作用。支撑在预制构件灌浆施工完成且灌浆料强度达到设计强度要求后方可拆除。

2. 水平预制构件临时支撑系统

竖向支撑系统主要采用独立支撑、承插型盘扣式钢管支架支撑等新型支撑。

(1) 独立支撑

独立支撑（图 1-58）是由支撑杆（立

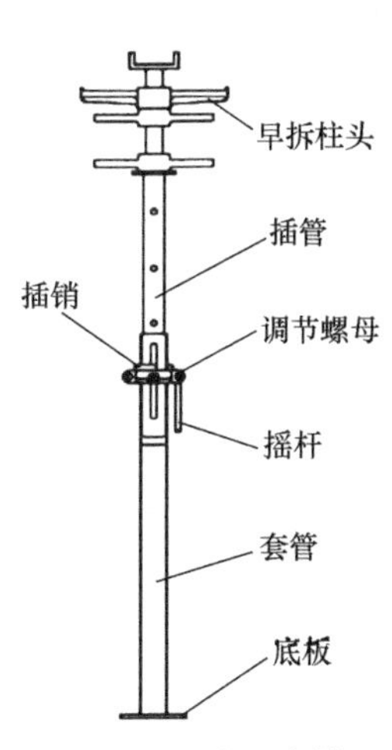

图 1-58 独立支撑

柱）、调节螺母、支撑头和折叠三脚架组成的可伸缩微调的独立钢支撑。

独立支撑的搭设、拆除简便，材料周转快，某些部件可以提前拆除，能降低工人劳动强度。

（2）承插型盘扣式钢管支架支撑

承插型盘扣式钢管支架由立杆、水平杆、斜杆、可调底座及可调托座等配件构成。立杆采用套管承插连接，水平杆和斜杆采用杆端和接头卡入连接盘，用楔形插销连接，形成结构几何不变体系的钢管支架。

承插型盘扣式钢管支架支撑（图 1-59）搭设、拆除简便，搭设快速，省时省力，架体承载力大，稳定性好，适用于各种水平预制构件及现浇构件的支撑。

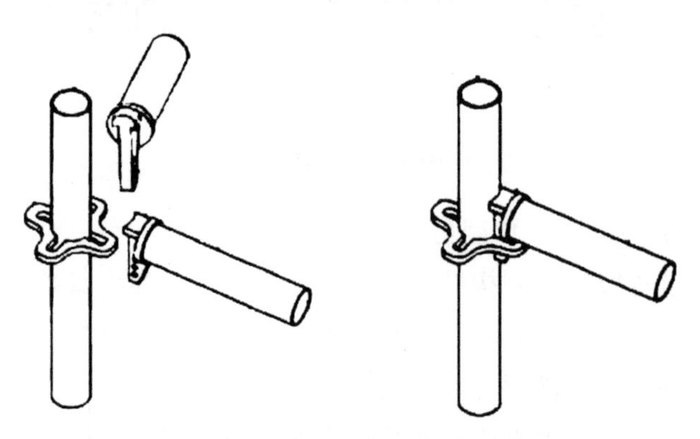

图 1-59　承插型盘扣式钢管支架支撑

竖向支撑主要用于预制叠合板、预制叠合梁等水平预制构件中。支撑在预制构件吊装就位前进行安装，起临时性支撑预制构件和保证预制构件位置准确的作用。支撑在预制构件叠合层混凝土浇筑施工完成且混凝土强度达到设计强度要求后方可拆除。

2 装配式混凝土建筑吊装施工准备

构件进场时，预制构件生产单位应提供构件质量证明文件。预制构件应具有生产企业名称、制作日期、品种、规格、编号等信息的出厂标识，且出厂标识应设置在便于现场识别的部位。构件经验收合格后，应按品种、规格分区分类存放，并设置标牌。为了保证吊装施工顺利和高效有序地进行，预制构件吊装前应做好充分的准备工作。构件吊装准备工作包括抄平放线、构件及工器具准备、安全防护架安装、钢筋调整及接触面处理、起重机械及起吊工具的安全检查等。

2.1 构件进场验收标准及方法

预制构件进场验收的主控项目为预制构件结构性能检验、预制构件合格证及质量证明文件、预制构件外观严重缺陷、预制构件尺寸偏差。一般项目为预制构件标识、预制构件外观一般缺陷、粗糙面质量、键槽质量及数量、饰面外观质量、预制构件预留吊环及焊接埋件、预留预埋件规格和数量、预制构件尺寸偏差及预埋件位置检验、饰面外观尺寸偏差等。

构件进场验收标准及方法

2.1.1 预制构件结构性能验收

梁板类简支受弯 PC 构件或设计有要求的 PC 构件进场时，须进行结构性能检验。结构性能检验是针对构件的承载力、挠度、裂缝控制性能等各项指标所进行的检验。施工现场不具备结构性能检验条件时，可在预制构件工厂进行，监理、建设和施工单位代表应当在场旁站。

（1）钢筋混凝土构件和允许出现裂缝的预应力混凝土构件应进行承载力、挠度和裂缝宽度检验；不允许出现裂缝的预应力混凝土构件应进行承载力、挠度和抗裂检验。

（2）对大型构件及有可靠应用经验的构件，可只进行裂缝宽度、抗裂和挠度检验。

（3）对使用数量较少的构件，当能够提供可靠依据时，可不进行结构性能检验。

具体的检验要求应当由设计和监理单位给出，如果设计和监理单位没有给出要求，施工单位应依据设计图纸和相关标准制定检验方案并得到设计和监理单位的批准。

对结构性能检验不合格的构件不得作为结构构件使用，应返厂处理。非结构性损伤进行修补，修补后重新进行检验，合格后方可使用。

2.1.2 预制构件外观质量验收

预制构件外观质量不应有严重缺陷，产生严重缺陷的构件不得使用。产生一般缺陷时，应由预制构件生产单位或施工单位进行修整处理，修整技术处理方案应经监理单位确认后方可实施，经修整处理后的预制构件应重新检查。

预制构件缺陷类型分类及处理方法：

（1）露筋：构件内钢筋未被混凝土包裹而外露

严重缺陷：主筋有露筋。

一般缺陷：其他钢筋有少量露筋。

处理方法：将划定区域内的松散混凝土凿除，露出新鲜坚实的骨料，然后用水冲洗干净并湿润，用水泥砂浆压实抹平或细石混凝土分层浇筑方法处理。

（2）蜂窝：混凝土表面缺少水泥砂浆面形成石子外露

严重缺陷：主筋部位有蜂窝。

一般缺陷：搁置点位置有蜂窝。

处理方法：将坑内杂物清理干净并用水充分湿润，然后水泥砂浆压实修复。

（3）孔洞：混凝土中孔穴深度和长度均超过保护层厚度

严重缺陷：构件主要受力部位有孔洞。

一般缺陷：构件非受力部位有孔洞。

处理方法：将松散混凝土凿除后，用钢丝刷或压力水冲刷湿润，支设带拖盒的模板，然后用半干硬的细石混凝土仔细分层浇筑并强力振捣养护。

（4）夹渣：混凝土中夹有杂物且深度超过保护层厚度

严重缺陷：构件主要受力部位有夹渣。

一般缺陷：构件其他部位有少量夹渣。

处理方法：如果夹渣面积较大而深度较浅，可将夹渣部位表面全部凿除，刷洗干净后，在表面抹 1：2 的水泥砂浆；如果夹渣部位较深，先将该部位夹渣全部凿除，安装好模板，用钢丝刷刷洗或压力水冲刷，湿润后用半干硬的细石混凝土仔细分层浇筑并强力振捣养护。

（5）疏松：混凝土中局部不密实

严重缺陷：构件主要受力部位有疏松。

一般缺陷：构件其他部位有少量疏松。

处理方法：对于大面积混凝土疏松、强度较大幅度降低的构件，必须返厂；对于局部混凝土疏松的构件，应全部凿除，用钢丝刷刷洗或压力水冲刷，湿润后用半干硬的细石混凝土分层浇筑并强力振捣养护。

（6）裂缝：缝隙从混凝土表面延伸至混凝土内部

严重缺陷：构件主要受力部位有影响结构性能。

一般缺陷：影响构件使用功能的裂缝或其他部位有少量不影响结构性能或使用功能的裂缝。

处理方法：在裂缝不降低承载力的情况下，采取表面修补法、充填法、注入法等处理方法。

（7）连接部位缺陷：构件连接处混凝土缺陷及连接钢筋、连接件松动、灌浆套筒未保护

严重缺陷：连接部位有影响结构传力性能的缺陷。

一般缺陷：连接部位有基本不影响结构传力性能的缺陷。

处理方法：根据构件连接部位质量缺陷的种类和严重情况，按上述露筋、蜂窝、孔洞、夹渣、疏松和裂缝的有关措施进行修复加固。

（8）外形缺陷：内表面缺棱少角、棱角不直、翘曲不平等；外表面面砖粘结不牢、位置偏差、面砖嵌缝没有达到横平竖直，转角面砖棱角不直、面砖表面翘曲不平等

严重缺陷：清水混凝土构件有影响使用功能或装饰效果的外形缺陷。

一般缺陷：其他混凝土构件有不影响使用功能的外形缺陷。

处理方法：对于外形缺失和凹陷的部分，先用稀草酸溶液清除表面脱模剂的油脂并用清水冲洗干净，再用与原混凝土完全相同的原材料及配合比砂浆抹灰补平；对于外形翘曲、凸出及错台的部分，先凿除多余部分，清洗湿透后用砂浆抹灰补平。

（9）外表缺陷：构件内表面麻面、掉皮、起砂、污染等；外表面面砖污染、预埋门窗框破坏

严重缺陷：具有重要装饰效果的清水混凝土构件、门窗框有外表缺陷。

一般缺陷：其他混凝土构件有不影响使用功能的外表缺陷，门窗

框不宜有外表缺陷。

处理方法：出现麻面、掉皮和起砂现象，使用外形缺陷修补方法，养护 24h；出现玷污，由人工用细砂纸仔细打磨，将污渍去除，使构件外表颜色一致。

2.1.3 预制构件尺寸偏差检查

（1）预制墙板构件的尺寸允许偏差应符合表 2-1 的规定。

预制墙板构件尺寸允许偏差及检查方法表　　表 2-1

检查项目	图例	允许偏差（mm）	检验方法
长度	长、宽、厚	±3	尺量检测
宽度		±3	钢尺量一端中部，取其中偏差绝对值较大处
厚度		±3	
对角线差	对角线、对角线	5	钢尺量两个对角线
翘曲	A、B、C、D	$L/1000$	水平尺、钢尺在两端量测

续表

检查项目	图例	允许偏差（mm）	检验方法
侧向弯曲	模具 平整标准尺 平整度靠尺 模具 A B	L/1000 且≤20	拉线、钢尺量最大侧向弯曲处
内表面平整		4	2m 靠尺和塞尺检查
外表面平整		3	

注：1. L 为构件长边的长度。

2. 检查数量应是对同类构件，按同日进场数量的 5%且不少于 5 件抽查，少于 5 件则全数检查。检查中心线、螺栓和孔道位置偏差时，沿纵、横两个方向量测，并取其中偏差较大者。

（2）预制柱、梁构件的尺寸允许偏差应符合表 2-2 的规定。

预制柱、梁构件尺寸允许偏差及检查方法 **表 2-2**

<table>
<tr><th colspan="3">检查项目</th><th>图例</th><th>允许偏差（mm）</th><th>检查方法</th></tr>
<tr><td rowspan="7">预制柱、预制叠合梁</td><td rowspan="3">长度</td><td>L<12m</td><td rowspan="5"></td><td>±5</td><td rowspan="3">钢尺检查</td></tr>
<tr><td>18m<L≤12m</td><td>±10</td></tr>
<tr><td>L≥18m</td><td>±10</td></tr>
<tr><td colspan="2">宽度</td><td>±5</td><td rowspan="2">钢尺量一端中部，取其中偏差绝对值较大处</td></tr>
<tr><td colspan="2">厚度</td><td>±5</td></tr>
<tr><td colspan="2">侧向弯曲</td><td></td><td>$L/750$ 且≤20</td><td>拉线、钢尺量最大侧向弯曲处</td></tr>
<tr><td colspan="2">表面平整</td><td></td><td>±5</td><td>2m 靠尺和塞尺检查</td></tr>
</table>

注：1. L 为构件长度。

2. 检查数量应是对同类构件，按同日进场数量的 5%且不少于 5 件抽查，少于 5 件则全数检查。

（3）预制叠合板、阳台板、空调板的尺寸允许偏差应符合表 2-3 的规定。

预制叠合板、阳台板、空调板的尺寸偏差和检查方法　　表 2-3

<table>
<tr><th colspan="3">检查项目</th><th>图例</th><th>允许偏差（mm）</th><th>检查方法</th></tr>
<tr><td rowspan="7">预制叠合板、阳台板、空调板</td><td rowspan="3">长度</td><td>L<12m</td><td rowspan="5">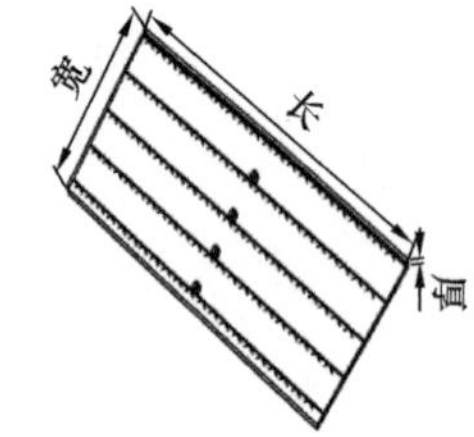
</td><td>±5</td><td rowspan="3">钢尺检查</td></tr>
<tr><td>18m<L≤12m</td><td>±10</td></tr>
<tr><td>L≥18m</td><td>±20</td></tr>
<tr><td colspan="2">宽度</td><td>±5</td><td rowspan="2">钢尺量一端中部，取其中偏差绝对值较大处</td></tr>
<tr><td colspan="2">厚度</td><td>±3</td></tr>
<tr><td colspan="2">对角线差</td><td>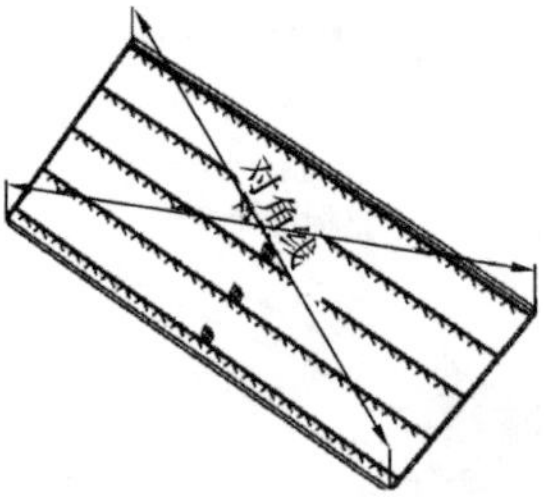
</td><td>10</td><td>钢尺量两个对角线</td></tr>
<tr><td colspan="2">侧向弯曲</td><td>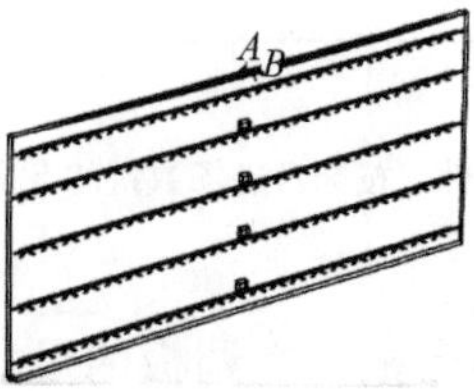
</td><td>L/750且≤20</td><td>拉线、钢尺量最大侧向弯曲处</td></tr>
</table>

续表

检查项目		图例	允许偏差（mm）	检查方法
预制叠合板、阳台板、空调板	翘曲		$L/750$	调平尺在两端测量
	表面平整		4	2m 靠尺和塞尺检查

注：1. L 为构件长度。

2. 检查数量应是对同类构件，按同日进场数量的 5%且不少于 5 件抽查，少于 5 件则全数检查。检查方法是用钢尺、拉线、靠尺、塞尺检查。

（4）预埋件和预留孔洞的尺寸允许偏差应符合表 2-4 的规定。

预埋件和预留孔洞的允许偏差和检查方法　　　表 2-4

项目		允许偏差（mm）	检查方法
预埋钢板	中心线位置	5	钢尺检查
	安装平整度	2	靠尺和塞尺检查
预埋管、预留孔	中心线位置	5	钢尺检查
预埋吊环	中心线位置	10	钢尺检查
	外露长度	+8，0	钢尺检查

续表

项目		允许偏差(mm)	检查方法
预留洞	中心线位置	5	钢尺检查
	尺寸	±3	钢尺检查
预埋螺栓	螺栓位置	5	钢尺检查
	螺栓外露长度	±5	钢尺检查

注：检查数量应为全数检查。

(5) 预制构件预留钢筋规格和数量应符合设计要求，预留钢筋位置及尺寸允许偏差应符合表 2-5 的规定。

预制构件预留钢筋位置及尺寸允许偏差和检查方法　　表 2-5

项目		允许偏差(mm)	检查方法
预留钢筋	间距	±10	钢尺量连续三档，取最大值
	排距	±5	钢尺量连续三档，取最大值
	弯起点位置	20	钢尺检查
	外露长度	+8，0	钢尺检查

注：检查数量应为全数检查。

2.2　构件现场堆放

构件现场堆放合理可以方便吊装，加快进度，避免构件在现场的二次搬运，提高安装效率。

构件现场堆放要求

2.2.1　预制构件堆放原则

(1) 构件堆放区应尽可能布置在起重机的起重半径内，尽量减少起重机在吊装时的跑车、回转及起重臂的起伏次数。

(2) 构件堆放按“重近轻远”的原则，首先考虑重型构件的布置。

(3) 构件的堆放应考虑有一定间距，便于支模、扎筋及混凝土的浇筑。若为预应力构件，堆放间距要满足抽管、穿筋和张拉等现场操作需求。

(4) 构件的堆放应考虑起重机的开行与回转，保证路线畅通，起重机回转时不与构件相碰。

2.2.2 构件堆放注意事项

(1) 堆放构件的场地应保证平整坚实，避免地面凹凸不平，以防构件因地面不均匀下沉而造成倾斜或倾倒摔坏，同时应保持排水良好，防止雨天积水导致预制构件浸泡在水中，污染预制构件。

(2) 平放时的注意事项：

1) 在水平地基上并列放置的长方垫木或钢材制作的垫块，放上构件后可在上面放置同样的垫木，且垫木应与钢筋方向垂直，堆放高度应根据构件形状、重量、尺寸和堆垛的稳定性来确定。

2) 垫木上下位置之间如果存在错位，构件除了承受垂直荷载，还要承受弯曲应力和剪切力，所以必须放置在同一条线上且垫木或垫块在构件下的位置宜与脱模、吊装时的起吊位置一致。

(3) 竖放时的注意事项：

1) 为防止钢支架滑动，铺设路面要将地面压实，铺上混凝土并整修为粗糙面。

2) 使用钢支架搭台存放预制构件时，应固定构件两端。

3) 应保持构件的垂直或保证一定角度，并且使其保持平衡状态。

(4) 堆放构件时应使构件与地面之间留有空隙，堆垛之间宜设置通道。堆垛至原有建筑物的距离应在 2m 以上，每隔 2～3 堆垛设置一条纵向通道，每隔 25m 设置一条横向通道，通道宽度一般取 0.8～0.9m。必要时应设置防止构件倾覆的支撑架。

(5) 预制构件的堆放应预埋吊件向上，标志向外。

（6）构件堆放应有一定挂钩和绑扎操作的空间。相邻的梁板类构件净距不得小于 0.2m；相邻的屋架净距，要考虑安装支撑连接件等操作的方便，一般可为 0.6m。

2.2.3 典型构件堆放

构件堆放方法有平放和竖放两种方法，原则上预制外墙板、预制内墙板、预制外墙挂板、预制隔墙板、预制女儿墙采用竖放方式，预制叠合板、预制梁、预制阳台板、预制空调板、预制楼梯和预制柱采用平放方式。或根据各自的形状和配筋选择合适的堆放方式。

（1）对于预制墙板竖放时应采用钢支架堆置，如长期储放必须加安全塑料带捆绑或钢索固定；同时，墙板在竖放时必须考虑上下左右不得摇晃以及地震时是否稳固。墙板之间尽量采用枕木或者软性垫片隔开避免碰坏墙板，并在墙板底部垫枕木或者软性垫片。此外，表面有石材和造型的预制外墙板竖放时，板材外饰面应朝外，避免与刚性支架直接接触，并应保证构件的装饰面不被污染，如图 2-1 所示。

（2）对于预制叠合板堆放，因结构受力方式不同，单向叠合板和双向叠合板在堆放时也会稍有不同。当为双向板时，在距板两端 200mm 处及跨中位置均应设置垫木且间距不大于 1.6m，如果板标志长度小于等于

图 2-1　预制墙板堆放示例

3.6m时，跨中设置一条垫木，板标志长度大于3.6m时，跨中宜设置两条垫木；当为单向板时，在距板两端200mm处设置垫木。

预制叠合板堆放一般不宜超过6层，板片堆置不可倾斜。层与层之间通过枕木隔开，但枕木放置时要上下在一条垂直线上。其中最下层板与枕木之间用塑胶垫片隔开，避免地面的水渍通过枕木吸收后污染构件表面。如图2-2所示。

图2-2 预制叠合板堆放示例

（3）对于预制叠合梁、大小梁堆置时，高度不宜超过2层，且不宜超过2m。实心梁须在距两端$1/5L \sim 1/4L$处垫上木头，如图2-3所示。

图2-3 预制叠合梁堆放示例

（4）对于预制柱堆放，堆置高度不宜超过 2 层，且不宜超过 2m，同时须在距两端 1/5L～1/4L 处垫上木头。若柱子有装饰石材时，预制构件与木头连接处需采用塑料垫块进行支承，如图 2-4 所示。

图 2-4　预制柱堆放示例

（5）对于预制楼梯（图 2-5）或阳台板（图 2-6），若须堆置 2 层及以上时，必须考虑支撑稳固，且不可堆置过高，必要时应设计堆置工作架以保障堆置安全。

（6）预制空调板采用叠放方式，层与层之间应垫平压实，各层支垫应上下对齐，叠放层数不宜大于 6 层，如图 2-7 所示。

图 2-5　预制楼梯堆放示例

图 2-6 预制阳台板堆放示例

图 2-7 预制空调板堆放示例

2.2.4 构件堆放保护

预制构件在现场堆放时应根据产品特点，采取护、包、盖、封等措施进行构件堆放保护，以防止预制构件变形、损伤或污染。

（1）预制构件在存放过程中，通常会采用一些木质或者塑料硬块进行成品保护。若构件是清水面采用木方硬块作为垫层时，宜在木方外面外裹一层塑料布，以防止在预制构件上留下水印。

（2）预制外墙板饰面砖、石材、涂刷等装饰材料表面，可采用贴膜或用其他专业材料保护；在存放过程中，所有和预制构件接触的地方，要布置一些柔性支垫，防止预制构件的磕碰损坏。

（3）连接止水条、高低口、墙体转角等薄弱部位，应采用定型保护垫块或专用式套件做加强保护。

（4）预制构件暴露在空气中的预埋铁件应涂抹防锈漆，预埋螺栓孔应填塞海绵。

2.3 抄平放线

抄平放线目的是测量结构物标高和确定平面位置，将设计图纸上的结构物测设到实际地面，确定构件准确安装位置，消除误差积累。抄平放线是装配式混凝土施工中要求最为精确的一道工序，对确定预制构件安装位置起着重要作用，也是后续工作顺利开展的保证。

装配式建筑构件吊装施工准备

（1）构件吊装前，应由专业施工人员依据施工图纸复核建筑的控制线、轴线、边线以及细部线，保证位置准确。

（2）根据施工图纸在预制构件上弹出标高控制线、竖向及水平位置控制线，以控制构件安装标高和平面位置。

（3）在放线过程中，预制构件标高不能达到要求时，应采用控制垫片等予以调整。

（4）放线过程中应确保精度满足相关规范要求，并保证至少施测两次，确认无误后方可进行下一步工序。

（5）预制墙体构件放线时，应在外墙内侧、内墙两侧 200mm 处放出墙体安装控制线。遇有洞口预制构件时，应在预留门洞处准确无误地放出门洞线。

（6）预制柱放线时，应在预制柱体上弹出建筑标高控制线，按照图纸轴线弹出竖向控制墨线，依据施工图纸在楼板面放出轴线及外边线，并进行有效的复核，轴线控制误差不超过2mm。

（7）预制楼梯放线时，可以用旋转激光仪将楼梯安装控制线引测到平台梁企口处。

2.4 构件及工器具准备

吊装前，应首先准备好构件，并根据构件的安装方式准备必要的工器具，确保安装快速有效。

2.4.1 预制构件准备

构件吊装安装前，应有专门人员核对预吊装构件的名称、重量、安装位置、项目信息，检查预埋件位置是否准确、构件上的吊钩吊环是否牢固可靠、必要的二维码扫描核对信息等准备工作，如表2-6所示。

预制构件二维码信息示例 **表2-6**

项目名称	×××小区项目			
构件编号	04-FF/YNQ-1-246			
构件类型	预制内墙板			
楼号	16号	楼层	12F	
方量(m^3)	0.42	重量(t)	1.05	

2.4.2 工器具准备

预制构件安装常用工器具如表2-7所示。

预制构件安装常用工器具 **表 2-7**

预制构件	工器具
预制外墙板	吊装用扁担梁、钢丝绳吊具、卡环、撬杠、垫块、镜子、扳手、可调支撑、临时固定卡具、PE 条、预制墙底高程调整铁片、缆风绳、防风型垂直尺、铁丝、墨斗、工具刀、批刀及其他辅材
预制内墙板	吊装用扁担梁、钢丝绳吊具、卡环、撬杠、垫块、镜子、扳手、可调支撑、临时固定卡具、预制墙底高程调整铁片、缆风绳、防风型垂直尺、铁丝、墨斗、工具刀、批刀及其他辅材
预制叠合板	钢扁担梁(专用平衡吊具)、可调支撑、木方、吊具、工字钢、卡环、软性垫片、靠尺、撬杠、电焊机、对讲机、墨线盒及其他辅材
预制叠合梁	钢扁担梁(专用平衡吊具)、可调支撑、木方、吊具、工字钢、卡环、软性垫片、缆风绳、靠尺、撬杠、电焊机、对讲机、墨线盒及其他辅材
预制柱	吊索、钢丝绳、溜绳、缆风绳、铁扁担、卡环、绳夹、可调支撑、柱底高程调整铁片、垂直度测定杆、撬杠(棍)、大锤、楔子(木楔、钢模或混凝土楔)、锚桩、枕木、小型液压千斤顶、捯链、滑车及其他辅材
预制阳台板	专用吊架、撬杠、电焊机、对讲机、墨线盒、可调支撑、砂轮切割机及其他辅材
预制空调板	钢扁担梁(专用平衡吊具)、可调支撑、木方、吊具、卡环、软性垫片、靠尺、撬杠、电焊机、对讲机、墨线盒及其他辅材
预制楼梯	吊具、吊绳(长短绳)、撬杠、水桶、贮料容器、外加剂计量容器、打胶枪、切割机及其他辅材
预制女儿墙	吊装用扁担梁、钢丝绳吊具、卡环、撬杠、垫块、镜子、扳手、可调支撑、临时固定卡具、PE 条、预制墙底高程调整铁片、防风型垂直尺、铁丝、墨斗、工具刀、批刀及其他辅材
预制外墙挂板	吊具、钢丝绳吊具、卡环、撬杠、垫块、镜子、扳手、可调支撑、临时固定卡具、连接 L 形角钢板、预制墙底高程调整铁片、缆风绳、防风型垂直尺、铁丝、墨斗、工具刀、批刀及其他辅材
预制隔墙板	吊具、钢丝绳吊具、卡环、撬杠、垫块、镜子、扳手、可调支撑、临时固定卡具、预制墙底高程调整铁片、防风型垂直尺、铁丝、墨斗、工具刀、批刀及其他辅材
预制双 T 板	钢扁担梁(专用平衡吊具)、吊具、软性垫片、靠尺、撬杠、电焊机、对讲机、墨线盒及其他辅材
预制综合管廊	吊具、钢丝绳、钢绞线、锚具、夹片、钢垫片、钢绞线连接器、全站仪、经纬仪、水准仪、GPS、钢卷尺等
预制看台板	吊具、吊带、砂纸、刮刀、弹性腻子胶水、425 水泥等纤维骨料、中性清洗剂、干布、胶带、墨斗、靠尺、塑料布、喷枪或滚筒、刷子等

2.5 外挂防护操作平台安装

外挂防护操作平台是装配式混凝土项目施工的重要施工平台，是为保护高处作业安全、顺利进行而搭设的工作平台。实际应用时，应根据项目特点选用合适的安全防护架体系，安全防护架安装前需要进行设计和计算，并制定专项施工方案，确保安全防护架体安全可靠。装配式混凝土项目施工中多选用外挂式操作架和附着式升降脚手架。

2.5.1 外挂式操作架

外挂式操作架体系（图 2-8）主要包含支撑体系、平台、防护体系、附着体系、提升吊点等，是由多榀防护架组成的连续闭合的施工作业平台。具有组装简便、安拆灵活、安全性高、周转次数高等优点。

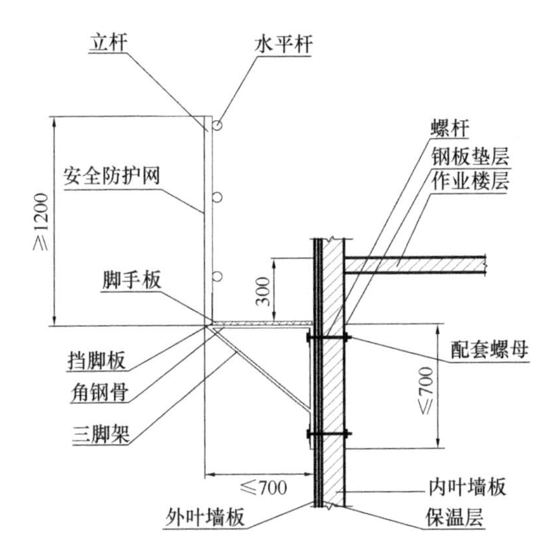

图 2-8 外挂式操作架示意图

（1）外挂式操作架体系宜采用三角形支架，每榀三脚架宜采用槽钢焊接而成，三脚架应设置与构件预留孔洞相对应的支点。

（2）每榀防护架与主体结构连接时，外侧安装人员应在作业平台上进行架体固定，内侧安装人员应在作业楼层上配合作业，外挂式操作架的作业平台宜低于作业楼层 300mm。相邻两榀架体应采用接缝板、防护栏板等进行可靠连接。

（3）与预制外墙板整体安装的防护架，应检查连接部位，合格后随同墙体一同起吊，并安装在施工楼层上。

（4）使用螺栓固定防护架时，可协调专业防护架制作厂家和构件设计单位进行复核计算，确保满足承载力要求及预留孔洞尺寸、位置准确。

（5）凸窗处的外挂式操作架应固定在凸窗两端侧面上；无凸窗处的外挂式操作架应固定在外侧墙体上；阳台板处的外挂式操作架应固定在下一层阳台板上。

（6）外挂式操作架使用时，现场应配备两套架体。随楼层主体结构施工循环安装使用，应防护一层、提升安装一层，保证现场的交叉作业施工。

2.5.2 附着式升降脚手架

附着式升降脚手架（图 2-9）的基本构造包括架体结构、竖向主框架、支撑系统、动力系统、防倾系统。具有技术性强、经济性高等特点，在高层建筑中广泛应用。

（1）附着式升降脚手架架体高度需根据工程项目的高度确定。通常情况下，附着式升降脚手架的高度一般在 4 层楼高左右，为保障安全施工，脚手架的高度不得超过 5 层楼高。

（2）装配式建筑项目采用附着式升降脚手架时，应合理确定附着支承的结构部位。设置与架体高度相等并与墙面垂直的定型竖向主框

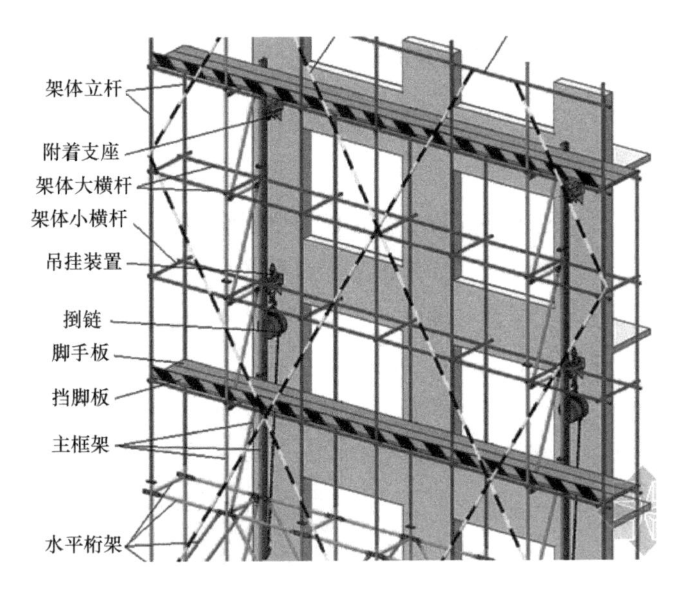

图 2-9 附着式升降脚手架构造图

架，保证竖向主框架结构稳定。

（3）附着式升降脚手架支撑系统固定完成以后，不能对脚手架的正常上升和下降造成影响。另外，还要能承受一定限度的载荷，从而确保附着式升降脚手架稳固在建筑上。

（4）倾斜、倒塌一直以来都是附着式升降脚手架面临的难题，在装配式建筑项目中也应该采取防倾倒加强措施，减少施工中的潜在危险。

2.6 钢筋调整及接触面处理

构件吊装之前，应该对钢筋进行调整及对接触面进行清理等系列准备工作，使构件安装准确有序进行。

2.6.1 钢筋位置检验及调整

（1）构件安装前，应检查预制构件上钢筋的规格、位置、数量和出筋长度等内容。

（2）使用专用钢筋定位卡具对板面预留竖向钢筋进行复核，检查预留钢筋位置、垂直度、预留长度是否准确，对不符合要求的钢筋用钢套管或扳手进行校直，确保上层预制构件内的套筒与下层的预留钢筋能够顺利对孔，如图 2-10 所示。

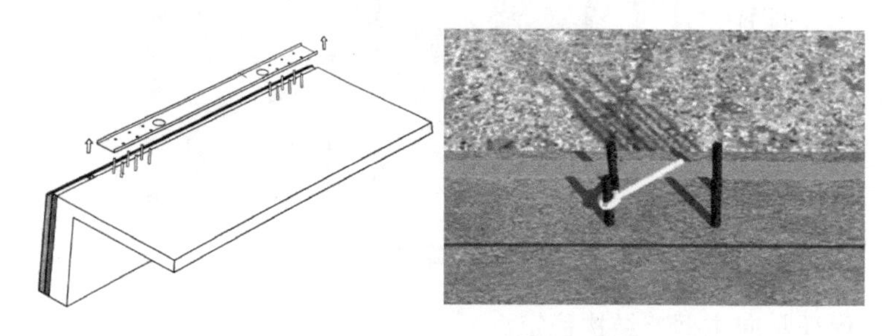

图 2-10 钢筋位置检验及校直

（3）当连接钢筋中心位置存在严重偏差，影响预制构件安装时，应会同设计单位制定专项处理方案，严禁随意切割或强行调整定位钢筋。

2.6.2 接触面处理

（1）构件安装前，应对接触面进行清洁处理，保证接触面无杂屑。

（2）应确保工作面上的定位放线准确，且弹线清晰、标识明显。

（3）构件竖向拼缝后浇混凝土部位基层处理时，应除去不利于粘结的物质，清理缝隙内壁粉尘和积水、油污和铁锈等，并根据需要进行凿毛处理。

(4) 内墙板与剪力墙拼缝施工前，应先清理剪力墙面混凝土浮浆，并清理内墙板与剪力墙交接处设置的压槽表面，采用网格布及抗裂砂浆将压槽填平，同时填缝面略低于相邻板面。

(5) 对于预制墙板之间的水平接缝，应做好涂刷结构胶、粘贴外止水带、灌浆分区等准备工作，便于开展下一步工序。

(6) 对于预制内墙板与地面水平拼缝施工前，应先将楼层基层清理干净，并提前将楼面湿润且保证填缝处不得有积水。

2.6.3 垫块放置

(1) 预制墙板下口应留有 20mm 的距离，并采用专用垫块调整预制墙板的标高及找平，如图 2-11 所示。利用水准仪将垫块（预埋螺栓）抄平，其高度误差不超过 2mm。

图 2-11 垫块放置

(2) 吊装前应根据墙板的设计构造、墙板长度合理布置垫块的数量。

1) 预制墙板长度≤2m 时，在距墙端 500～800mm 两端处分别设置 1 组（两个）垫块。

2）2m＜预制墙板长度≤3m时，设置3组垫块。

3）预制墙板长度＞3m时，设置垫块数量可适当增加但不得增加过多。

2.7 起重机具安全检查

2.7.1 起重机械安全检查

使用单位应该对起重机械安全进行自检，并填写起重机安装质量自检报告，将自检合格的相关资料登记项目机械台账，针对不合格产品提出限期现场维修、二次验收及退场等处理意见，然后联合项目经理部、监理单位进行三方共同验收。

起重机械安全检查要点如下：

（1）机容机貌干净、整洁。

（2）安全保护装置齐全、灵敏、可靠。

（3）各部件连接不得有变形、松动、裂纹、锈蚀、磨损。

（4）主要机构不得有异响、噪声、漏电和不正常振动。

（5）登机梯子、栏杆、平台、走道等设备以及操作室应符合标准和安全规程要求，且各种仪表不得有缺损、破碎等缺陷。

（6）起重机械应有安全操作规程、运行记录和责任人等标识，且购置、租赁的机械应有出厂合格证、说明书、许可资质和规定部件的试验合格证书以及出厂监督检验证明。

2.7.2 起吊工具安全检查

主要采用目测方法对起吊工具进行安全检查。

（1）吊钩、吊具、吊绳安全检查

1）危险断面的磨损量可以用卡尺或用卡钳测量。

2）使用前，应测量吊钩的初始开口度尺寸，并且吊钩、吊具、吊绳应有制造厂家的检验合格证明。

3）检查吊钩、吊具是否有影响使用安全的任何夹杂物等缺陷，必要时应进行内部探伤检查。

4）检查吊钩、吊具是否进行了年度或季度的全面检验，确保吊钩、吊具光洁，无毛刺、锐角、裂纹、变形、铆钉松动等现象。

5）对于用于大起重量的吊钩、吊具、吊绳，应该检查是否安装防止吊物意外脱钩的安全装置。

6）吊绳的安全检查分为一般部位和绳端中位检查。应该对可能引起磨损的绳段（例如位于平衡滑轮的绳段）进行腐蚀及疲劳的检验，并且吊绳定期检验应及时做好记录。

（2）吊点、吊环安全检查

1）检查吊点、吊环的规格、型号、位置是否正确无误。

2）检查吊环是否有裂缝、磨损、扭曲、变形或深度凹痕等缺陷。

3 装配式混凝土建筑吊装施工

预制构件吊装施工前，相关专业技术人员应对装配工人进行技术交底，施工技术交底的内容包括构件吊装施工工艺流程、构件吊装质量控制、构件吊装安全施工等内容。构件在正式起吊前需要进行试吊，试吊正常后开始进行吊装。

3.1 构件起吊

3.1.1 吊装注意事项

装配式建筑构件吊装

不同建筑结构体系，在吊装施工阶段工艺流程既存在共性，又有一定区别。应根据预制构件形状、尺寸及重量等参数，做好吊装方案及吊具选择。对尺寸较大或形状复杂的预制构件，可采用有分配梁或分配桁架的吊具。

(1) 构件起吊前，应按照制定好的吊装顺序，按起重设备吊装范围由远及近进行吊装。

(2) 吊索水平夹角不宜小于60°且不应小于45°。吊点的数量、位置应保证吊具连接可靠。

(3) 将构件吊离拖车至距地面一定位置后，静停15～20s，检查构件水平位置和钢丝绳受力均匀情况，确认起吊安全。起吊时，应采用慢起、稳升、缓放的操作方法，使每个吊点同时受力。

(4) 吊运过程中应保持构件稳定，不得偏斜、摇摆和扭转，不应有大幅度摆动，并且禁止吊装构件长时间悬停在空中。

(5) 吊装过程中发现构件倾斜时，必须停止吊装，放回原来位置，重新调整，确保构件能够平稳起吊。

(6) 构件吊运过程中，不得磕碰构件边角，注意预制构件的成品保护。

(7) 构件吊运过程中，塔吊司机应严格按照信号工发出的指挥信号进行起吊。

3.1.2 典型构件的吊装

(1) 对于预制叠合板吊装时，应注意预埋水电等机电管线不被磕碰。起吊时，吊点不应少于 4 点，如图 3-1 所示。

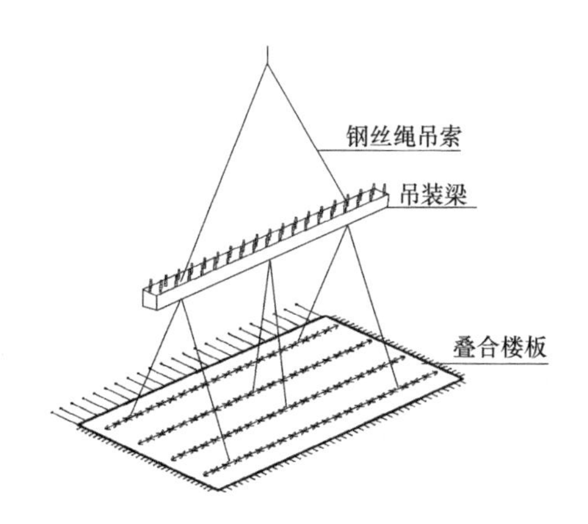

图 3-1 叠合板吊装示意

(2) 对于预制墙板吊装（图 3-2、图 3-3）就位应分段进行，安装顺序宜按先外墙后内墙的原则进行。

(3) 对于预制柱吊装时（图 3-4），需要注意的是上层柱子起吊前必须水平平移至地面上，才可起吊，不可直接于上层就起吊。

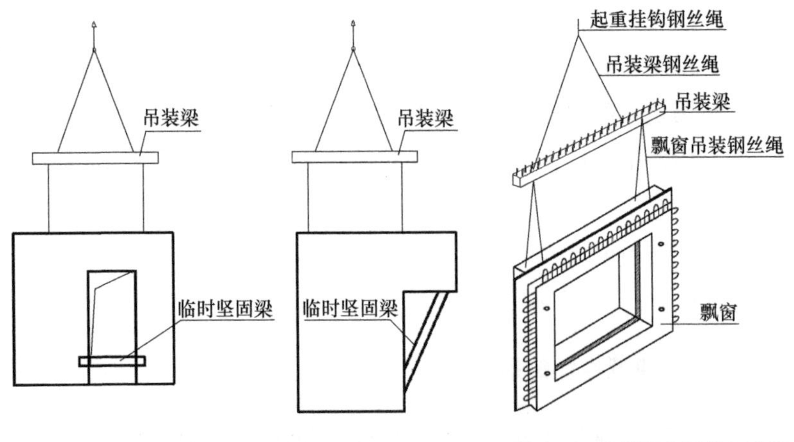

图 3-2　预制墙板吊装示意图

图 3-3　预制飘窗吊装示意图

图 3-4　预制柱吊装示意图

(4) 对于预制叠合梁吊装时（图 3-5），次梁吊装一般应在一组（2 根以上）预制主梁吊装完成后进行，因此吊装前须检查好主梁吊装顺序，确保主梁上下部钢筋位置可以交错而不会吊错重吊。

(5) 对于预制楼梯吊装时（图 3-6），因楼梯是斜构件，需要根据楼层高度、梯段长度等实际情况确定吊绳长度和楼梯吊装角度。如果预制楼梯采用预留锚固钢筋的方式，应先放置预制楼梯，再与现浇

图 3-5 预制叠合梁吊装示意图

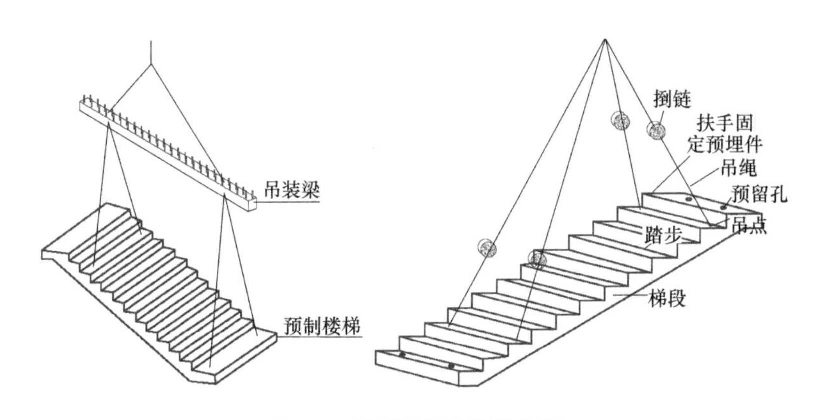

图 3-6 预制梯段吊装示意图

梁或板浇筑连接成整体；如果预制楼梯与现浇梁或板之间采用预埋件焊接连接的方式，应先施工现浇梁或板，再搁置预制楼梯进行焊接连接。楼梯起吊时，吊点不应少于 4 点，上下预制楼梯应保持通直，踏步平面应保持水平。楼梯吊至离地面 200～300mm 处，采用水平尺检查踏步水平度。

（6）对于预制阳台板，宜使用专用型钢扁担进行吊装，如图 3-7 所示。

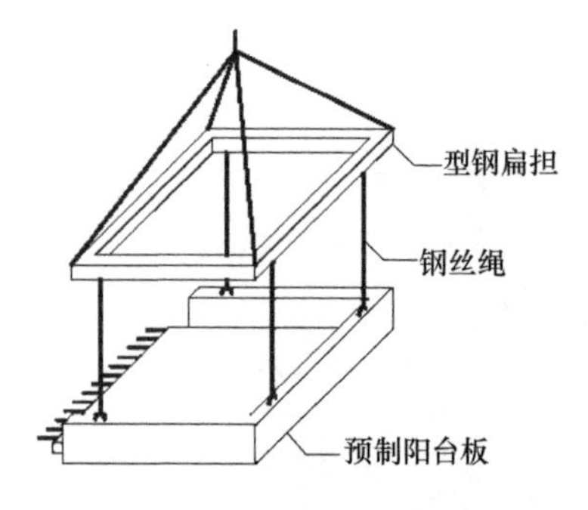

图 3-7　预制阳台板吊装示意图

（7）对于预制综合管廊构件吊装时，应提前做好重型吊装设备的选择，应将遇水膨胀胶条贴好后再开始构件吊装，如图 3-8 所示。管廊构件吊运过程中，由专人进行指挥，并由沟槽上下人员配合，根据成品件不同的吊运高度适时调整成品的位置，避免碰刮沟槽护坡。

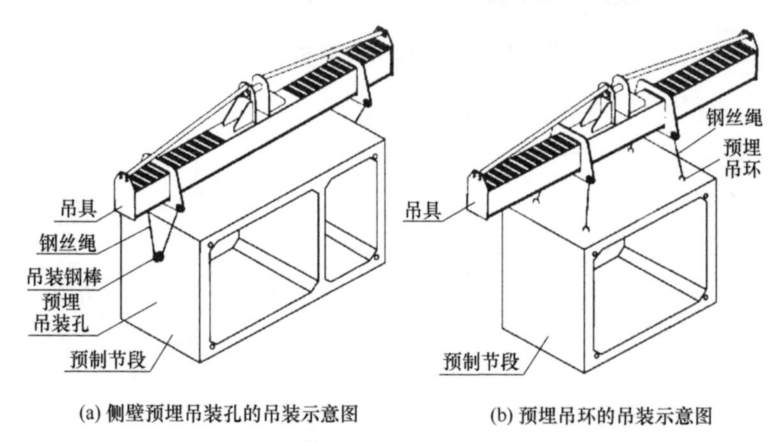

(a) 侧壁预埋吊装孔的吊装示意图　　(b) 预埋吊环的吊装示意图

图 3-8　预制综合管廊构件吊装示意图

3.2　构件安装就位

对于竖向构件吊装安装时，构件吊到距离作业层上方 500mm 左右的位置应暂停吊运，检查构件的正反面及方向、钢筋方向是否与图纸一致，确认后将预制构件水平移动到安装位置。就位后，将预制构件缓慢下放至下层钢筋附近停止，经检查，钢筋在套筒正下方后，方可继续下放。下降到距离接触面 50mm 左右时停止，并确认接触面上的控制线无误后，继续下放预制构件到接触垫片（螺栓）。当偏差较大时，应重新将构件吊起50mm左右进行调整。

对于预制叠合梁和叠合板等构件，需要提前搭设支撑架，构件在吊装过程中，在作业层上方500mm处减缓降落，由操作人员引导构件降落至支撑上，然后校准构件标高是否符合要求。

3.3 临时支撑安装

预制构件就位、吊钩脱钩前，需设置临时支撑以保持构件自身稳定。

3.3.1 预制柱临时支撑安装

预制柱安装就位后，应采用可调钢斜撑或拉设缆风绳进行临时固定，如图3-9、图3-10所示。对重型柱或细长柱以及多风或风大地区，应增设缆风绳。预制柱临时固定应符合下列规定：

（1）每个预制柱临时支撑宜采用专门制作的金属临时固定架固定，且不少于2道。

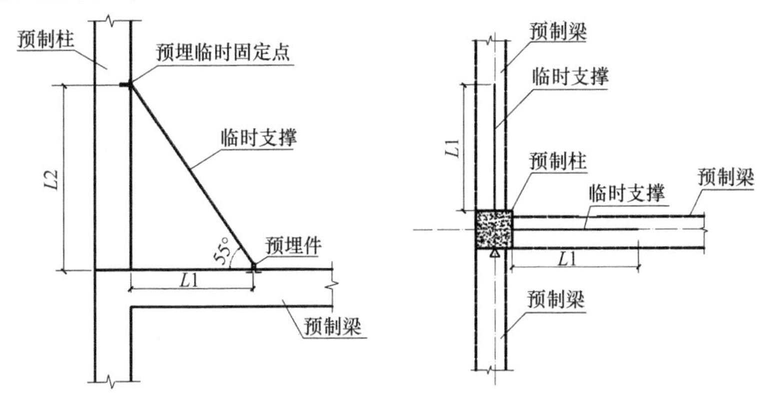

图3-9 预制柱支撑布置

图 3-10　预制柱支撑安装实例

（2）上部斜撑的支撑点距离底部的距离不宜小于高度的 2/3，且不应小于高度的 1/2。

（3）缆风绳用作临时固定措施时不宜少于 4 道，且下部应设置紧绳器，并牢固地固定在锚桩上。

3.3.2　预制墙板临时支撑安装

预制墙板在安装就位后在塔吊卸力的同时，应采用可调节斜支撑螺杆将预制构件进行固定，如图 3-11 所示。构件临时固定应符合下列规定：

（1）每块预制墙板通常用上下两道斜支撑来固定，斜撑上部通过专用螺栓与预制墙板上部 2/3 高度处预埋的连接件连接，斜支撑底部与地面（或楼板）用预埋螺栓或钢筋环进行锚固；支撑与水平楼面的夹角在 40°～50°。

（2）安装过程中，必须在确保所有斜支撑安装牢固后方可解除构件上的吊钩。构件的垂直度调整通过斜支撑上的螺纹套管调整来实现，上下两道斜支撑要同时调整。

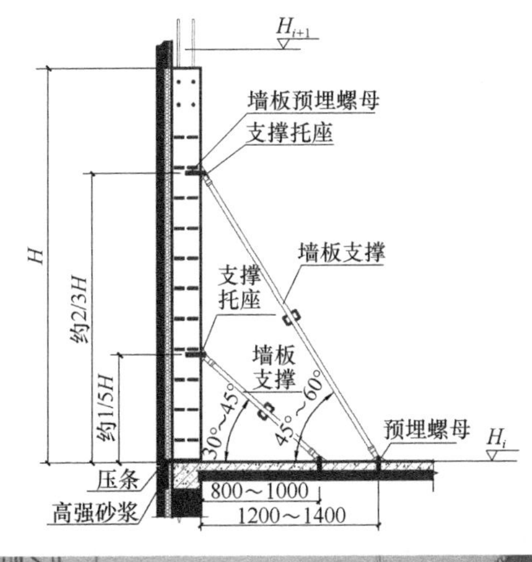

图 3-11 预制墙板支撑安装

3.3.3 预制叠合板（叠合梁）临时支撑安装

预制叠合板（叠合梁）吊装前，需要先安装竖向支撑系统。与斜支撑相比，竖向支撑不仅要承担预制构件的自重荷载，还要承担叠合构件现浇混凝土自重荷载及施工荷载等。竖向支撑系统一般采用独立支撑，独立支撑应满足强度及稳定性验算要求。通过设置在独立支撑上的调节装置对预制构件的标高进行微调，当预制构件的吊装精度达到设计要求后对调节装置实施锁定。

独立支撑工字梁长端距墙边不小于 300mm，侧边距墙边不大于 700mm；独立立杆距墙边不小于 300mm，不大于 800mm；独立立杆间距小于 1.8m，当同一根工字梁下两根立杆间距大于 1.8m 时，需在中间位置再加一根立杆，中间位置的立杆可以不带三脚架，工字钢方向需与叠合板桁架钢筋方向垂直，如图 3-12 所示。

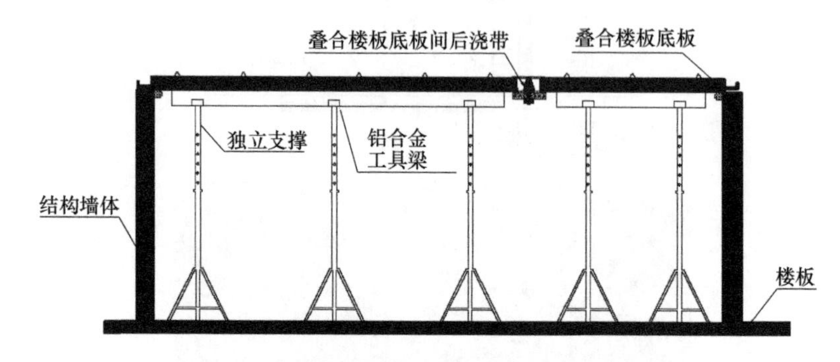

图 3-12　预制叠合板（叠合梁）临时支撑安装

3.4　构件校正调整

在预制构件安装就位后，须对预制构件的安装位置和垂直度进行检验和调整，在各项指标满足要求后吊具方可脱钩。

3.4.1　预制构件位置调整

1. 预制墙板位置调整

(1) 预制墙板高度调整时，可以通过预制构件上所弹出的 1000mm 线及水准仪来测量。每块构件需要测 2 个点，左右各 1 个。两个点的误差均应控制在±5mm 以内。

（2）预制墙板左右位置调整应在高度调整完毕后进行。左右位置偏差有整体偏差和旋转偏差之分。对于整体偏差，在塔吊加 80％荷载重量下，人工用撬杠或手推方式将预制构件整体移位。对于旋转偏差，可通过斜支撑进行调整。

（3）预制墙板前后位置调整应在左右位置调整完毕后进行。在塔吊加 80％荷载重量下，用斜支撑伸缩来调整。前后位置调整完毕后，塔吊完全卸力。

（4）预制墙板左右倾斜调整时，采用倾斜度测试仪或者用 2m 靠尺加线坠测试和调整。调整时应注意构件侧面的平整情况、垫片高度等。调整到位后，调整工作完毕，锁好安全锁，塔吊摘钩，如图 3-13所示。

图 3-13 预制墙板位置调整示例

2. 预制柱位置调整

根据柱身和工作面已测放的安装定位标志校正预制柱安装平面位置。预制柱的标高校正，可采用在柱四角放置金属垫块的方法，结合预制柱长度进行调整。

（1）预制柱高度调整时，可通过预制柱上所弹出的 1000mm 线及水准仪来测量。每根预制柱需要测 2 个点，正侧面各 1 个。两个点的误差均应控制在±3mm以内。

（2）预制柱左右位置调整在高度调整完毕后进行。左右位置偏差有整体偏差和旋转偏差之分。如果是整体偏差，说明预制柱体整体位置发生偏差，可以让吊车加80%荷载重量，然后人工用撬杠或手推方式将预制柱体整体移位。如果是旋转偏差，可以通过斜支撑进行调整。左右位置调整幅度非常有限。

（3）预制柱前后位置调整在左右位置调整完毕后进行。在吊车加80%荷载重量下，用斜支撑伸缩来调整。斜支撑螺杆收缩，预制柱体就向内移动，反之预制柱体就向外移动。前后位置调整完毕后，吊车完全卸力。

（4）预制柱左右倾斜度调整时，可用2m靠尺加线坠做成一个垂直度测试仪，放在预制柱体侧面，待线坠平稳后，测量线坠偏离距离得到偏差数值。

（5）垂直度校正在柱的两个互相垂直的平面内同时进行，设两台经纬仪同时观测。可采用小型油压千斤顶斜顶校正或用缆风绳校正，也可通过可调临时支撑对预制柱的位置和垂直度进行微调。

（6）当日校正的预制柱未灌浆固定，次日应复校后再灌浆。

3. 预制水平构件位置调整

（1）根据板周边线、隔板上弹出的标高控制线对构件标高及位置进行调整，误差控制在±2mm内。

（2）调整时，应用撬杠垫木块轻轻移动，将构件调整到正确位置。已安装完的各层构件上下应垂直对正，水平方向顺直，标高一致。

（3）构件宜随吊随校正。就位后偏差过大时，应将构件重新吊起就位。就位后应及时使下方临时支撑顶紧，确定支撑均匀受力后再取钩。

（4）复核安装位置。使用铅垂线复核竖向安装偏差，每个边应吊两次铅垂，距端部不超过 300mm。调整到位后，调整工作完毕，锁好安全锁，塔吊摘钩。

3.4.2 预制构件垂直度检验调整

手持 2m 检测尺中心，位于同自己腰高的墙面上，按刻度仪表显示规定读数。如果墙下面的勒脚或饰面未做到底时，应将其往上延伸相同的高度。使用 2m 检测尺时，取上面的读数；当墙面高度不足 2m 时，可用 1m 长检测尺检测，取下面的读数。

当墙体长度 L 大于或等于 3m 时，利用 2m 靠尺，离墙边 300mm 靠墙底测一尺，墙中间测一尺，另一边离墙边 300mm 靠墙顶测一尺。如图 3-14 所示共测量三尺垂直度。

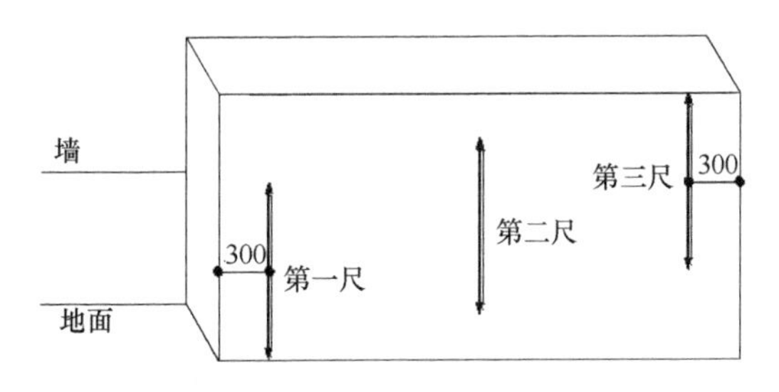

图 3-14 墙垂直度测量（$L\geqslant3$m）

当墙体长度 1.5m$\leqslant L<$3m 时，利用 2m 靠尺，离墙边 300mm 靠墙底和墙顶各一尺，如图 3-15 所示共测量两尺垂直度。

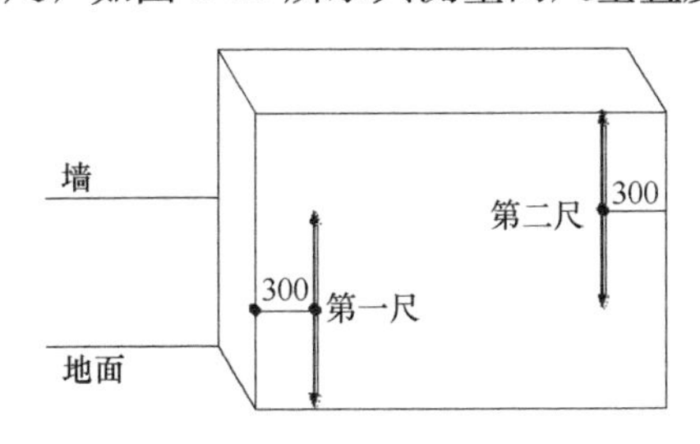

图 3-15 墙垂直度测量（1.5m$\leqslant L<$3m）

4 典型预制混凝土构件装配施工

装配式混凝土建筑采用的预制混凝土构件主要包括预制夹心保温外墙板、预制剪力墙内墙板、预制叠合板、预制叠合梁、预制柱、预制阳台板、预制空调板、预制楼梯、预制女儿墙、预制外墙挂板、预制隔墙板、预制双 T 板等，常见的预制混凝土市政构件主要包括预制综合管廊和预制看台板等。建筑产业工人应熟练掌握装配式混凝土建筑常用预制构件的安装施工工艺流程及操作要点。

4.1 预制夹心保温外墙板安装施工工艺流程及操作要点

预制夹心保温外墙板安装施工工艺流程见图 4-1。

（1）测量放线时，依据施工图纸在底板（楼板）面放出每块预制墙板的轴线及外边线，并进行有效的复核，轴线误差不超过规定限值，如图 4-2 所示。

预制夹心保温外墙板安装施工工艺

（2）采用专用垫片调整预制夹心保温外墙板的标高，利用水准仪将垫片抄平，其高度误差不超过 2mm。预制墙板下口应留有 20mm 的空隙，如图 4-3 所示。

（3）在预制夹心保温外墙板保温层处及墙板两端粘贴 PE 条或聚乙烯条，厚度 50mm，宽度同夹心保温墙板保温层厚度，如图 4-4 所示。

（4）预制墙板吊装前，应检查调整墙体竖向预留钢筋的位置偏移

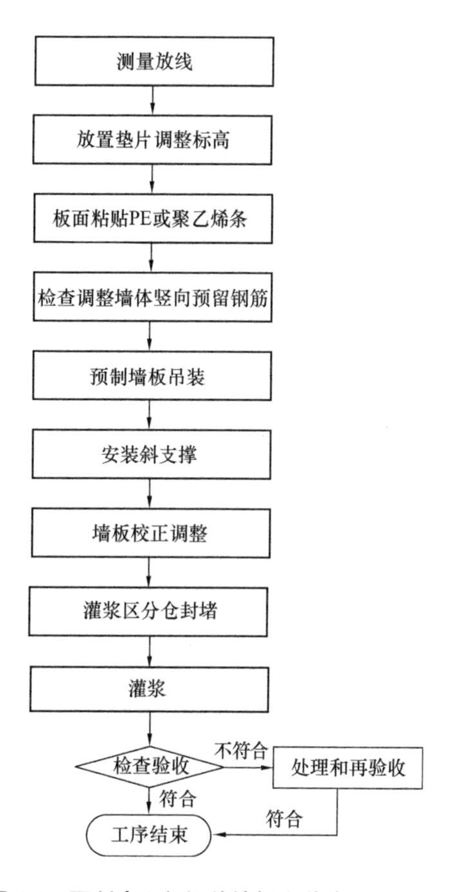

图 4-1 预制夹心保温外墙板安装施工工艺流程

量，不得大于±5mm。当偏差较大时应进行冷弯校正、扶直，清除浮浆。应检查拟吊装预制墙板的套筒及预留孔规格、位置、数量和深度等。

(5) 墙板安装就位时，在塔吊卸力前，应采用可调节斜支撑将预制墙板进行固定。

(6) 墙板安装完毕后应实测墙体之间的间距，记录在平面布置图上，为后期调整误差提供数据。

图 4-2　测量放线

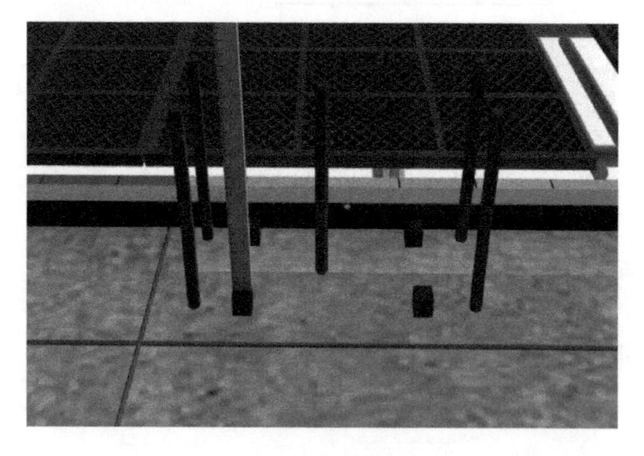

图 4-3　放置垫片

（7）灌浆前应对灌浆区域进行分仓，采用快硬高强砂浆对接缝四周进行封堵，确保密实可靠。

（8）待封堵砂浆达到设计要求强度后，采用压浆法从灌浆分区下口灌注，当浆料从其他孔流出后及时进行封堵。完成整段墙体的灌浆后，进行外流浆料清理，如图 4-5 所示。灌浆应符合现行行业标准《钢筋套筒灌浆连接应用技术规程》JGJ 355 的规定。

预制内墙板不含保温层，其安装施工工艺流程较预制夹心保温外

图 4-4 粘贴 PE 条

图 4-5 灌浆过程

墙板简单，其安装施工工艺流程及操作要点可参照预制夹心保温外墙板。

4.2 预制叠合板安装施工工艺流程及操作要点

预制叠合板安装施工工艺流程见图 4-6。

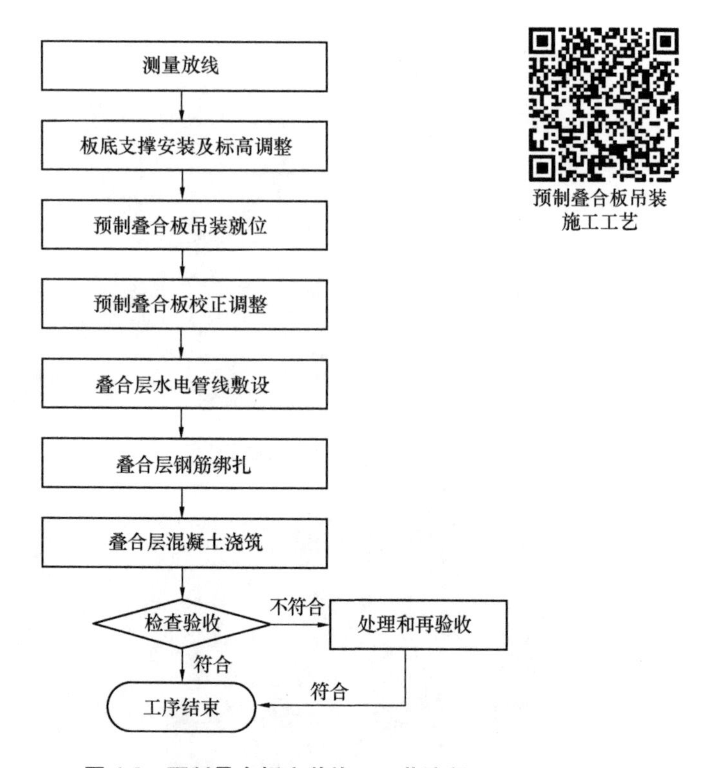

图 4-6　预制叠合板安装施工工艺流程

4.2.1　测量放线

在安装好的预制梁、柱面顶部弹出预制叠合板安装位置线，并做出明显标志，以控制预制叠合板安装标高和平面位置。

4.2.2　板底支撑安装及标高调整

预制叠合板安装前，根据施工方案要求在预制叠合板底部设置工具式竖向独立支撑，并调整支架标高与两侧叠合梁预留标高一致。在结构标准层施工中，应连续两层设置支架，待一层预制叠合板上层结构混凝土施工完成后，现浇混凝土强度大于或等于 75％设计强度时，方可拆除下一层支架，如图 4-7 所示。

图 4-7 预制叠合板竖向独立支撑安装

(1) 根据放出的工具式竖向独立支撑位置线依次搭设板底支撑，并调整支撑高度到预定标高。当叠合板与边支座的搭接长度大于或等于 40mm 时，叠合板边支座附近 1.2m 内无须设置支撑；当叠合板与边支座的搭接长度小于 35mm 时，需在叠合板边支座附近 200～500mm 范围内设置一道支撑体系。

(2) 根据放出的预制叠合板标高线，在独立支撑上放置铝合金梁，再次复核独立支撑标高，保证铝合金梁上表面标高准确。

4.2.3 预制叠合板吊装就位

(1) 叠合板起吊时，应尽可能减小叠合板因自重产生的弯矩，采用钢扁担吊装架进行吊装，使吊点均匀受力，保证构件平稳吊装。

图 4-8 预制叠合板吊装

(2) 叠合板应从上垂直向下安装，在作业层上空 200mm 处略做停顿，施工人员手扶楼板调整方向，将板边线与梁上的安放位置线对准，注意避免叠合板上的预留钢筋与梁、柱钢筋打架，放下时应停稳慢放，严禁快速猛放，以避免冲击力过大造成板面震折裂缝，如图 4-8 所示。

4.2.4 预制叠合板校正

(1) 预制叠合板位置调整时，应在板下垫小木块，不得直接使用撬杠撬动叠合板，以避免损坏板边角。应保证预制叠合板搁置长度符合设计要求，其允许偏差不大于 5mm。

(2) 校核叠合板标高，利用可调支撑对板进行标高调整，使其满足设计要求。

4.2.5 叠合层水电管线敷设

(1) 在预制叠合板顶部放出机电管线位置线，铺设机电管线并对管线端头处做好保护。

(2) 敷设机电管线时，应严格控制管线叠加处标高，严禁高出现浇层板顶标高。

4.2.6 叠合层钢筋绑扎

叠合层钢筋绑扎前应清理叠合板上部杂物，根据钢筋间距弹线，进行附加筋的绑扎及板面筋绑扎。钢筋弯钩朝向应严格控制，不得平躺，如图 4-9 所示。

图 4-9 叠合层管线安装、钢筋绑扎示意

4.2.7 叠合层混凝土浇筑

(1) 将预制叠合板表面凿去一层（深度约 5mm），在浇筑混凝土前应用清水冲洗湿润，注意不能有浮灰。

（2）混凝土坍落度应控制在 160～180mm，每一段混凝土应从同一端起，分 2 个作业组平行浇筑，连续施工，一次完成。

（3）叠合层混凝土振捣可使用平板振捣器，保证振捣密实。

（4）叠合层混凝土收光时，工人应穿收光鞋，用木刮杠在水平线上将混凝土表面刮平，随即用木抹子搓平。

（5）叠合层混凝土浇筑完成后采用浇水养护，应保持养护不少于 7 天。

4.3 预制叠合梁安装施工工艺流程及操作要点

预制叠合梁安装施工工艺流程见图 4-10。

4.3.1 测量放线

预制叠合梁吊装施工工艺

根据图纸在板面弹出预制叠合梁的外边缘边控制线、轴线；在相邻构件或预制柱预留钢筋上标出梁底、梁顶标高控制线。

4.3.2 梁底支撑安装及标高调整

预制叠合梁底支撑采用铝合金钢梁主承力外加“U”形托防侧翻支撑体系。使用水准仪测量，将支撑体系顶部铝合金梁顶面标高调至预制叠合梁底面标高位置，如图 4-11 所示。

4.3.3 预制叠合梁吊装就位

（1）挂钩：将专用平衡钢梁连接到钢丝绳吊钩上，将吊环安装在预制叠合梁上部的预埋螺栓内，将钢丝绳上的吊钩卡入吊环。确认连接紧固后，将预制叠合梁从堆放架（或运输车）上缓慢吊起。

（2）起吊：起吊时地面须配备 3 人，其中 1 人为信号工负责调

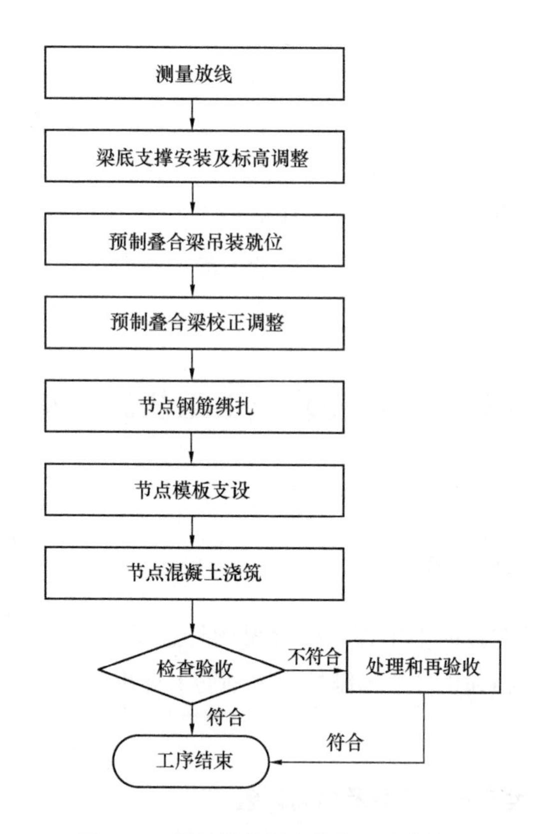

图 4-10　预制叠合梁安装施工工艺流程

图 4-11　预制叠合梁 U 形底支撑

度，用对讲机与吊车司机联系，另外2人负责保证预制叠合梁不发生磕碰。先将预制叠合梁吊起距离地面300mm的位置后停稳30s，地面人员应确认吊具连接是否水平，如果发现预制叠合梁倾斜，应停止吊装，重新调整，确保预制叠合梁能够水平起吊，并确保吊具连接牢固可靠，预制叠合梁无破损。确认无误后信号工通知吊车司机起吊，所有人员远离吊装作业区3m范围外，缓慢提升至起吊完成。

（3）组装：起吊后的预制叠合梁吊到预定位置后，缓缓下放，在距离作业层上方500mm左右的位置停止。作业层需要3人，其中1人负责调度，其他2人负责安装预制叠合梁。安装人员站在专用操作台上，用手扶预制叠合梁，配合吊车司机将预制叠合梁水平位移到安装位置。将预制叠合梁缓慢下放，安装人员一左一右，确保预制叠合梁不发生碰撞。下降至铝合金梁顶面标高50mm左右停止，调度员手扶预制叠合梁进行微调，微调叠合梁至轴线和外边线位置后，指挥吊车继续下放。如果偏差较大，调度员通知吊车司机将预制叠合梁重新吊起至距离铝合金梁顶面50mm左右的位置，安装人员重新调整后，再次下放，直到基本达到精确位置后为止。预制梁吊装需按照图纸吊装顺序逐一进行，组装结束后，吊车卸力。如图4-12所示。

图4-12 预制叠合梁吊装

4.3.4 预制叠合梁校正调整

预制叠合梁就位后，需要进行测量确认，测量指标主要有标高、左右位置、轴线。调整顺序一般为：标高→左右位置→轴线。

（1）标高调整：可以通过水准仪来测量预制叠合梁顶面、底面标高。每个预制叠合梁需要测 4 个点，左右、上下各 1 个。4 个点的误差均应控制在±5mm 以内。如果超过标准，应重新起吊预制梁，检查原因，然后重新就位，直到预制叠合梁在标准误差允许范围内。

（2）左右位置调整：标高调整完毕后，进行左右位置调整。如果是整体偏差，说明预制叠合梁整体位置发生偏差，可以让吊车重新吊起叠合梁至安装位置以上 50mm 处，然后人工手移动式将预制叠合梁整体移位，边缓慢下落边移动至安装位置，直到偏差在±5mm 以内。

（3）轴线调整：左右位置调整完毕后，进行轴线位置的调整。用吊车将预制叠合梁吊起，距离支撑顶面 50mm 后，重新就位，直到偏差在 5mm 以内。前后位置调整完毕后，吊车完全卸力。

4.3.5 预制叠合梁节点钢筋绑扎

预制叠合梁吊装完成后，按照设计要求绑扎现浇段梁面筋及附加钢筋。

4.3.6 预制叠合梁节点模板支设

叠合梁节点部分尺寸相同时，木（铝）模板重复使用。模板支设采用两道水平对拉螺杆，距离叠合梁“U”形底部、顶部小于或等于 100mm，如图 4-13 所示。

图 4-13 预制梁柱节点模板安装

4.3.7 预制叠合梁节点混凝土浇筑

预制叠合梁上部混凝土同预制柱现浇加强部位、预制叠合板上部混凝土同时浇筑，混凝土强度、坍落度等应符合设计要求及相关规范、标准的要求。

4.4 预制柱安装施工工艺流程及操作要点

预制柱安装施工工艺流程见图 4-14。

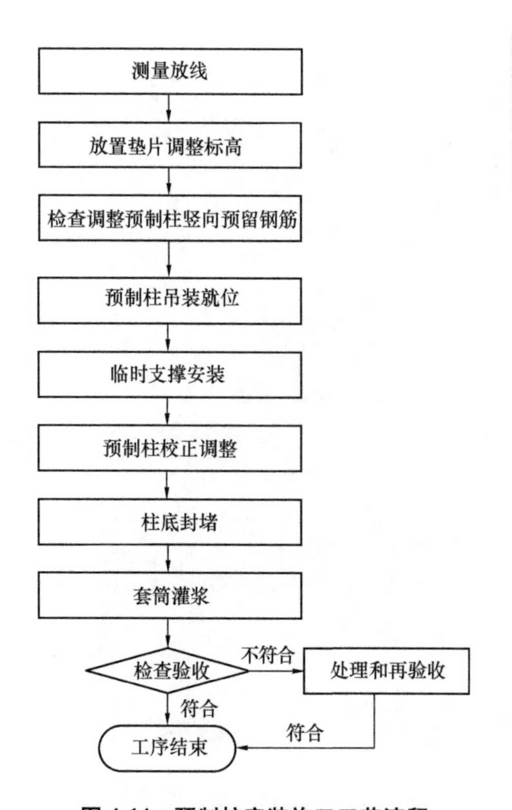

预制柱吊装施工工艺

图 4-14　预制柱安装施工工艺流程

(1) 在预制柱上测量放线，设置安装定位标志。宜按照角柱、边柱、中柱的顺序进行安装。

(2) 采用专用垫片调整预制柱的标高，利用水准仪将垫片抄平，其高度误差不超过 2mm。预制柱下口应留有 20mm 的空隙。

(3) 预制柱吊装前，应检查调整竖向预留钢筋的位置偏移量，不得大于±5mm，如图 4-15 所示。当偏差较大时应进行冷弯校正、扶直，清除浮浆。应检查拟吊装预制柱的套筒及预留孔规格、位置、数量、深度。

(4) 预制柱安装就位时，在塔吊卸力前，应采用可调节斜支撑将预制柱进行固定。

（5）预制柱就位后，应进行校正和调整。校正调整指标主要有高度、位置和垂直度。调整顺序一般为：高度→左右位置→前后位置→垂直度。

图 4-15 预制柱钢筋定位

（6）预制柱校正调整完毕后，采用快硬高强砂浆进行接缝四周封堵，形成密闭灌浆腔，保证在最大灌浆压力下密封有效，如图 4-16所示。

图 4-16 柱底封堵

（7）待封堵砂浆达到设计要求强度后，采用压浆法从灌浆下口灌注，当浆料从其他孔流出后及时进行封堵。灌浆完成后，进行外流浆料清理。灌浆应符合现行行业标准《钢筋套筒灌浆连接应用技术规程》JGJ 355 的规定。

4.5 预制阳台板安装施工工艺流程及操作要点

预制阳台板安装施工工艺流程见图 4-17。

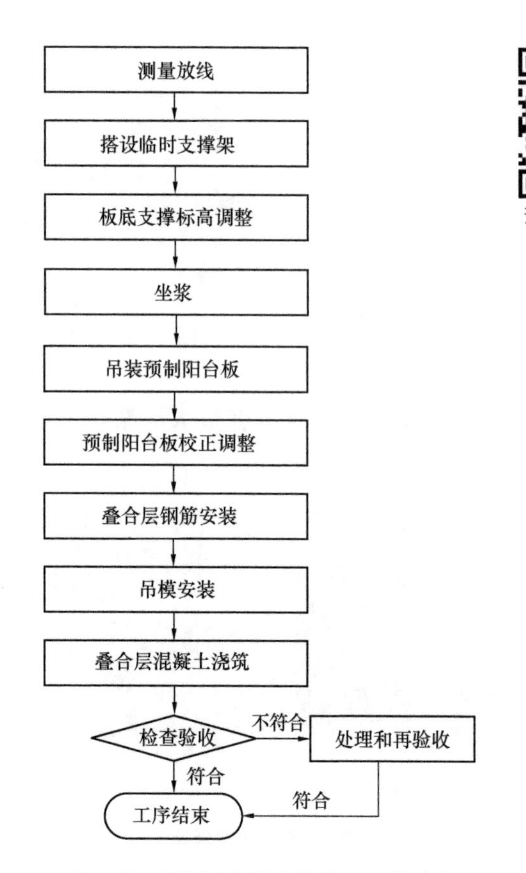

预制阳台板吊装施工工艺

图 4-17 预制阳台板安装施工工艺流程

(1) 在外墙上弹出预制阳台板安装位置控制线，在支架层上弹出立杆布置位置线。

(2) 搭设临时支撑架

1) 预制阳台板安装前先设置临时支撑架(图 4-18)，其中立杆的横向间距 C_1、C_2 应根据阳台尺寸确定，立杆间距不得大于 1200mm。

2) 按规范要求设置水平杆。立杆伸出顶层水平杆中心线至支撑点的长度不应超过 500mm。

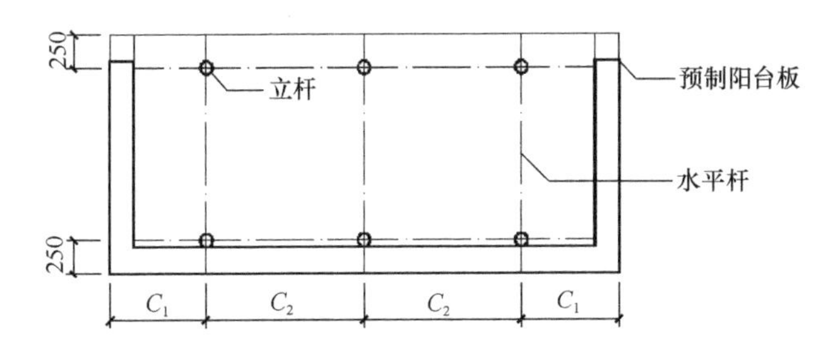

图 4-18 预制阳台板临时支撑架立杆平面布置示意

3）支撑架的可调托撑螺杆伸出长度不宜超过 300mm，插入立杆内的长度不得小于 150mm。

（3）板底支撑标高调整时，支撑与墙体内侧结构应有可靠拉结，防止构件倾覆，确保安全可靠。利用水准仪复查可调支撑顶面标高，符合设计标高。

（4）清扫找平层并坐浆。安装预制阳台板构件前将找平层清扫干净，按设计要求的配合比配制干硬性水泥砂浆，进行坐浆，使吊装后的预制阳台板与墙体间无较大缝隙。

（5）预制阳台板吊装就位时，根据外挑尺寸控制线确定压墙距离，缓慢放稳。预制阳台板边线应与控制线吻合。

（6）预制阳台板校正调整

1）根据板周边线、隔板上弹出的标高控制线对预制阳台板标高及位置进行调整，误差控制在±2mm 内。

2）预制阳台板位置调整时，应用撬杠垫木块轻轻移动，将预制阳台板调整到正确位置。已安装完的各层预制阳台板上下应垂直对正，水平方向顺直，标高一致。

3）预制阳台板宜随吊随校正。就位后偏差过大时，应将预制阳台板重新吊起就位。就位后应及时使下方临时支撑顶紧，确定支撑均匀受力后再取钩。

(7) 叠合层钢筋安装

1) 设计采用钢筋绑扎连接时，预制阳台板钢筋桁架与现浇板纵向钢筋的搭接长度不得小于 300mm。

2) 设计采用钢筋电弧焊连接时，宜采用双面搭接焊，当不能进行双面焊时，可采用单面焊。双面焊搭接长度不得小于 $5d$（d 为钢筋直径)，单面焊搭接长度不得小于 $10d$。施焊前宜对焊接端钢筋预弯，使两钢筋的轴线在同一直线上。

3) 焊接时，应在搭接焊形成焊缝中引弧，在端头收弧前应填满弧坑，并应使主焊缝与定位焊缝的始端和终端熔合。

4) 预制阳台板与主体结构连接节点应符合设计要求，如图 4-19 所示。

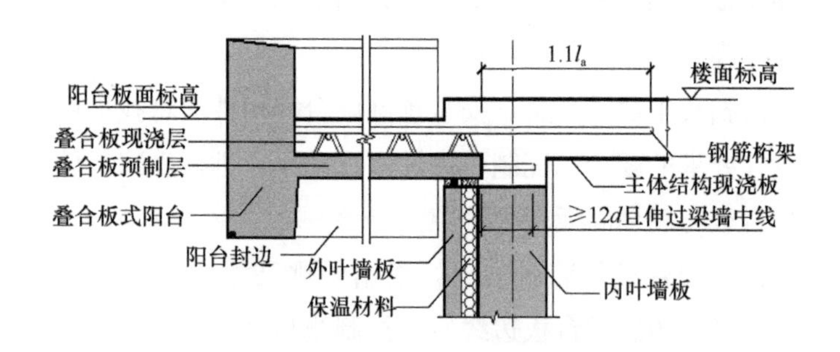

图 4-19　预制阳台板与主体结构连接节点

(8) 按设计图纸的标高要求安装吊模。吊模固定时，可采用绑扎固定；采用钢筋固定时，固定吊模的钢筋可焊接至构造钢筋及箍筋上，不得在纵向受力钢筋上焊接。

(9) 浇筑预制叠合阳台板现浇层混凝土时，在预制叠合阳台板预制层端部与内叶墙板之间的阴角处抹 1：2 水泥砂浆堵缝，防止浇筑混凝土时漏浆。

(10) 混凝土终凝后应及时浇水养护，并采用塑料薄膜覆盖保湿。

(11) 预制阳台板采用吊环吊装时，应用砂轮切割机割除吊环，并用水泥砂浆填实吊环处的预留槽；采用预埋吊钉吊装时，可直接使用水泥砂浆填实吊钉处预留槽。

(12) 待预制阳台板与连接部位的主体结构混凝土（如梁、板、柱、墙）强度达到设计要求强度的 100%，且装配式结构能达到后续施工承载要求后，方可拆除临时支撑架。

4.6 预制空调板安装施工工艺流程及操作要点

预制空调板安装施工工艺流程见图 4-20。

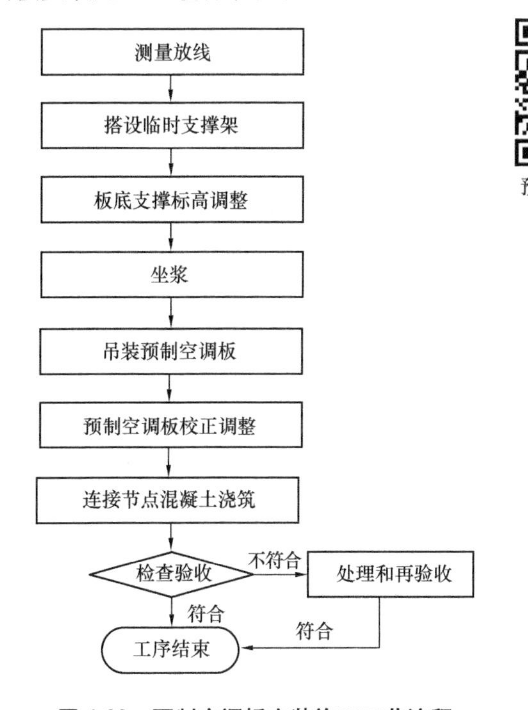

预制空调板安装施工工艺

图 4-20 预制空调板安装施工工艺流程

（1）测量放线时，应在预制空调板上及结构处弹出安装定位标识线。

（2）预制空调板安装前应设置支撑架。上下层支撑架应在一条竖直线上，临时支撑的悬挑部分不允许有施工堆载，如图 4-21、图 4-22 所示。

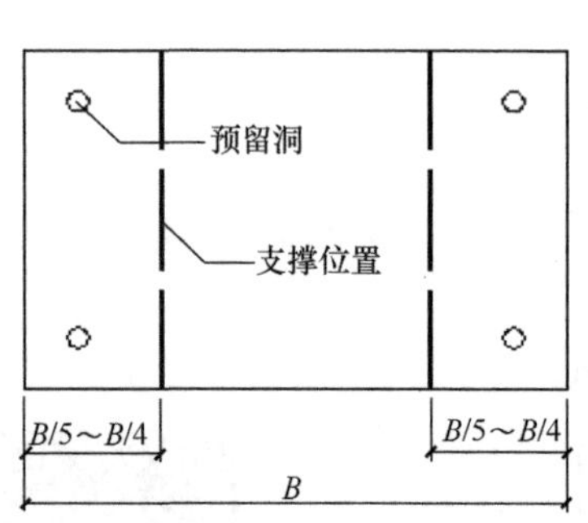

图4-21　预制空调板支撑平面布置

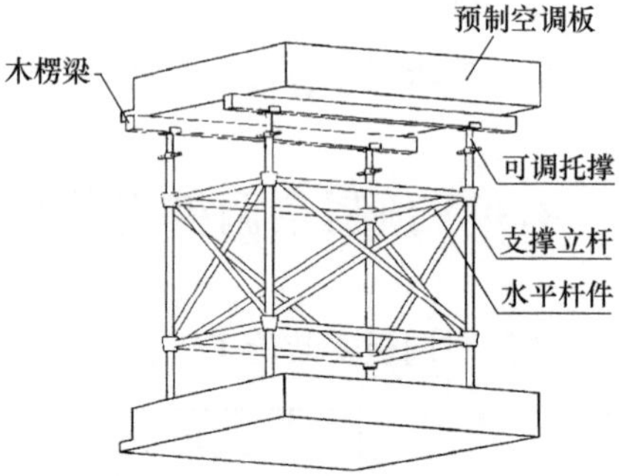

图 4-22　预制空调板支撑示意图

（3）板底支撑标高调整时，支撑与墙体内侧结构应有可靠拉结，防止构件倾覆，确保安全可靠。利用水准仪复查可调支撑顶面标高，符合设计标高。

（4）安装预制空调板前应将找平层清扫干净，采用干硬性水泥砂浆进行坐浆。并按设计要求在坐浆层内外墙保温层处设置保温材料。

（5）预制空调板吊装就位时，根据外挑尺寸控制线，确定压墙距离，缓慢放稳。预制空调板边线应与控制线吻合。

（6）预制空调板校正调整

1）根据板周边线、隔板上弹出的标高控制线，对空调板标高及位置进行调整，误差控制在±2mm 内。

2）调整时，应用撬杠垫木块轻轻移动，将预制空调板调整到正确位置。已安装完的各层预制空调板上下应垂直对正，水平方向顺直，标高一致。

3）预制空调板宜随吊随校正。就位后偏差过大时，应将预制空调板重新吊起就位。就位后应及时使下方临时支撑顶紧，确定支撑均匀受力后再取钩。

4）复核安装位置。使用铅垂线复核竖向安装偏差，每侧应吊两次铅垂，距端部不超过300mm。

（7）预制空调板连接节点（图4-23）处钢筋应按规定采用焊接连接方式。

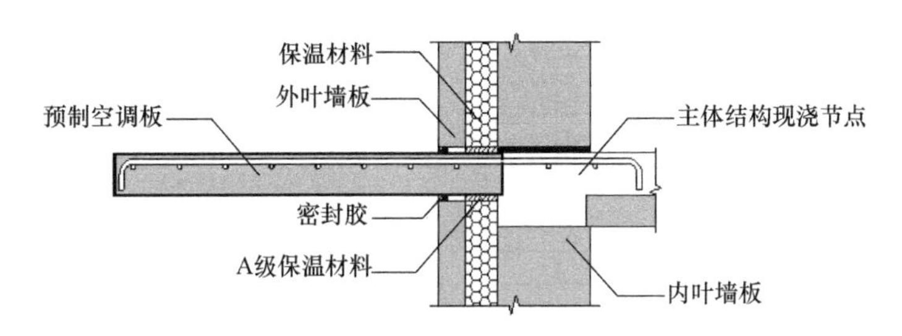

图4-23 预制空调板连接节点示意

（8）浇筑连接节点处混凝土前，应先在预制空调板端部与内叶墙板之间的阴角处用1∶2水泥砂浆堵缝，防止浇筑混凝土时漏浆。

（9）预制空调板采用吊环吊装时，应用砂轮切割机割除吊环，并用水泥砂浆填实吊环处的预留槽；采用预埋吊钉吊装时，可直接使用水泥砂浆填实吊钉处预留槽。

（10）清理预制空调板底部与外墙外侧面相交处残留的水泥浆，并在缝隙处用密封胶封堵，防止渗漏。

（11）拆除临时支撑架时，应连续两层设置支撑架；待上一层预制空调板结构施工完成后，与连接部位的主体结构（梁、墙）混凝土强度达到100%设计强度，且在装配式结构能达到后续施工承载要求后，方可拆除下一层支撑架。

4.7 预制楼梯安装施工工艺流程及操作要点

预制楼梯安装施工工艺流程见图 4-24。

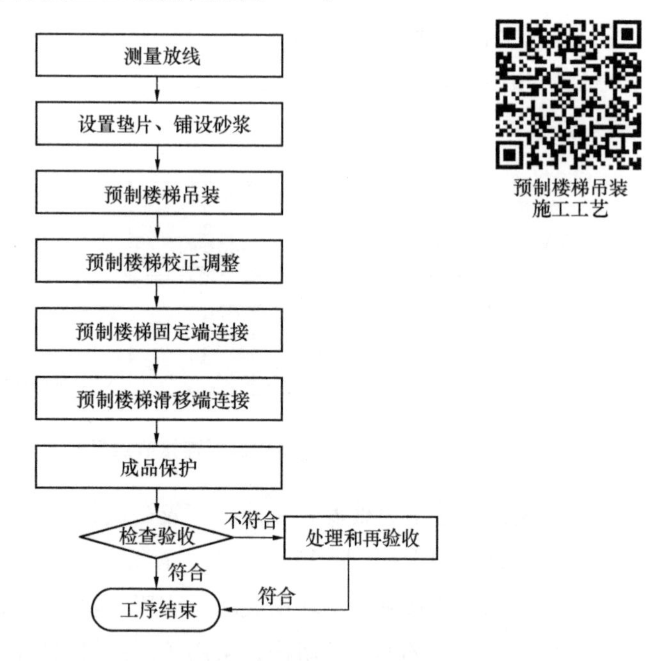

图 4-24 预制楼梯安装施工工艺流程

(1) 进行预制楼梯安装的位置测量定位，并标记梯段上、下安装部位的水平位置与垂直位置的控制线。

(2) 预制楼梯吊装前，采用垫片和水泥砂浆进行找平。对于楼层板处建筑面层厚度宜为 50mm，楼梯休息平台板处建筑面层厚度宜为 30mm。在楼梯下端找平层上铺设一层油毡形成滑动面。

(3) 预制梯段起吊时，采用塔式起重机匀速、平稳地吊至就位处上方 300～500mm 后，调整预制楼梯位置使预制楼梯上的预留洞与平台梁上的预埋钢筋对正，楼梯边与边线对齐，再用水平尺复核踏步水平度，就位后拆除吊具吊绳，如图 4-25 所示。

图 4-25 预制楼梯吊装示意

（4）预制楼梯吊装就位后，应根据设计要求对预制楼梯平面位置和标高进行调整。可用撬杠微调预制楼梯板，使预制楼梯板位置准确，搁置平实。

（5）预制楼梯连接与固定

1）预制梯段上端采用固定铰连接，下端采用滑动铰连接。按照设计要求先进行楼梯固定铰端施工，再进行滑动铰端施工。

2）预制梯段上端预留洞采用设计要求的灌浆料灌至距梯段表面标高 30mm 处，再采用砂浆封堵密实。

3）预制梯段下端预留洞内距梯段表面标高 60mm 处安装铁垫片，采用螺母固定牢固，内部形成空腔，再采用砂浆将预留洞口封堵严密。

（6）预制梯段与平台梁间缝隙用聚苯板填充，再嵌入 PE 棒，最后用密封胶封堵密实。

（7）预制梯段安装施工过程中及装配后应做好成品保护，成品保护可采取包、裹、盖、遮等有效措施，防止构件被撞击损伤和污染。

4.8 预制女儿墙安装施工工艺流程及操作要点

预制女儿墙安装施工工艺流程见图 4-26。

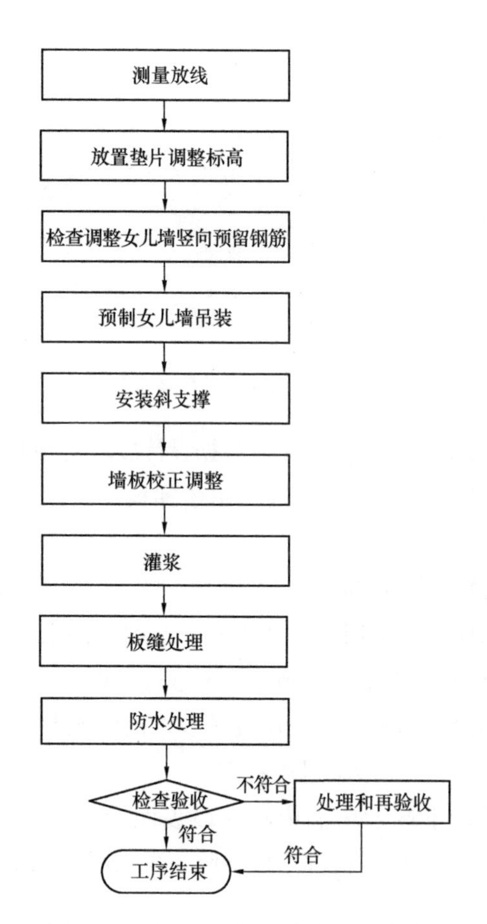

预制女儿墙安装施工工艺

图 4-26　预制女儿墙安装施工工艺流程

4.8.1　测量放线

依据施工图纸在底板（楼板）面放出每块预制墙板的轴线及外边线，并进行有效的复核，轴线误差不超过 5mm。

4.8.2　预制女儿墙安装

预制女儿墙垫片放置及标高调整、粘贴 PE 条、检查调整墙体竖向预留钢筋、吊装、支撑安装调节及灌浆等注意事项同预制夹心保温外墙板安装施工工艺流程及操作要点。如图 4-27所示。

图 4-27 预制女儿墙安装示意

4.8.3 板缝处理

预制女儿墙板板缝根据生产施工工艺不同分为密拼缝(图 4-28)和现浇绑扎（图 4-29）两种，密拼缝主要是在钢结构和装配式框架结构体系中应用，现浇绑扎主要是应用于装配式混凝土剪力墙结构体系，安装步骤同预制夹心保温外墙板。密拼缝采用 PE 棒封堵缝隙，后用密封膏填涂处理。

图 4-28 预制女儿墙密拼缝示意

图 4-29 预制女儿墙现浇绑扎示意

4.8.4 防水处理

防水构造采用 20mm 厚 1：2 防水砂浆找平层、2 道 3mm 厚高分子自粘复合防水卷材和 50mm 厚苯板保护层，粘贴至泛水处，处理方式同现浇。

4.9 预制外墙挂板安装施工工艺流程及操作要点

预制外墙挂板安装施工工艺流程见图 4-30。

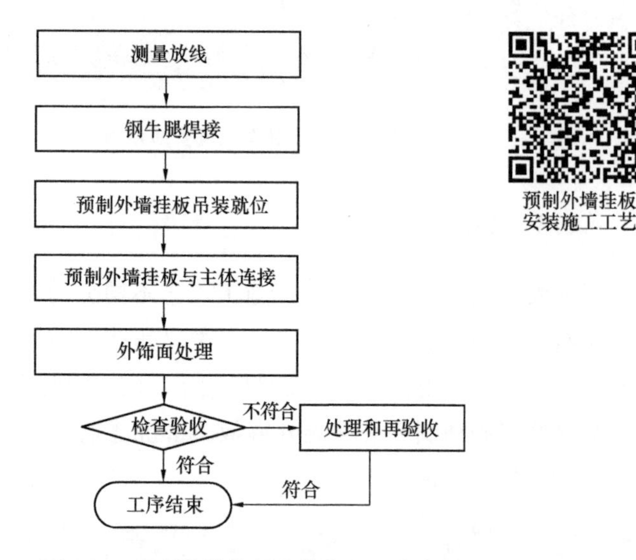

图 4-30 预制外墙挂板安装施工工艺流程

4.9.1 测量放线

根据主体结构各层标高线及结构外边缘基准定位线放出预制外墙挂板安装外边缘线。

4.9.2 钢牛腿焊接

预制外墙挂板与结构通过焊接钢牛腿及安装连接件固定。首先应保证焊接质量，焊缝的长度和厚度等应满足设计图纸规定要求；其次应严格控制钢牛腿三维定位尺寸的准确性，钢牛腿的上下（顶面标高）应控制在±2mm，左右应控制在±3mm，前后应控制在±2mm。如图 4-31、图 4-32 所示。

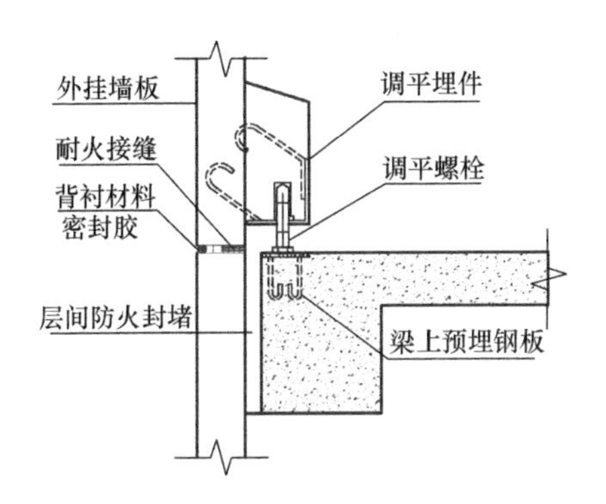

图 4-31 预制外墙挂板节点连接图

图 4-32 钢牛腿焊接示意

4.9.3 预制外墙挂板安装

预制外墙挂板安装从下向上依次逐层进行，待整面墙板安装完毕后，将位于窗洞部位及女儿墙顶部板缝打胶处理。

预制外墙挂板吊装时，采用专用吊具与板上口螺母连接，使板直立缓慢提升。提升过程中，应避免外侧与脚手架剐蹭。外立面位置由板上下口的定位销孔控制，下部钢牛腿上的调节支承螺栓在挂板就位前应预先调整好，找正后将板上口与钢牛腿固定并进行安装。

4.9.4 预制外墙挂板外饰面处理

为确保清水混凝土预制外墙挂板的装饰性和耐久性，杜绝混凝土表面后期出现龟裂、污染、发黄变黑、返碱等现象，可采用水性氟碳着色技术进行保护。

4.10 预制隔墙板安装施工工艺流程及操作要点

预制隔墙板安装施工工艺流程见图 4-33。

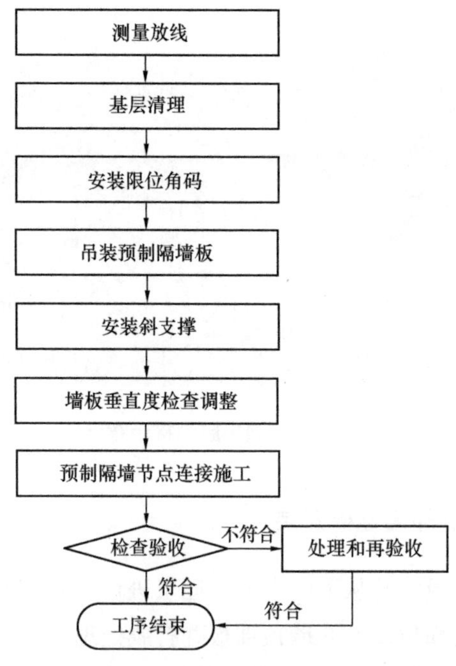

图 4-33 预制隔墙板安装施工工艺流程

4.10.1 测量放线

根据图纸轴线位置，在地面上弹出预制隔墙板的位置边线及控制线。

4.10.2 清理预制隔墙板安装位置基层

基层应平整、坚实，不得有油污、杂物，不得有空鼓、起灰现象。

4.10.3 安装限位角码

根据测量弹线，在地面上安装限位角码。限位角码必须紧贴预制隔墙板边线安装，使预制隔墙板能准确落位。

4.10.4 吊装预制隔墙板

（1）将预制隔墙板吊运至距安装位置1m高处时静停10～15s，作业人员方可靠近。

（2）墙板下降至距地面300～500mm后，放缓下降速度，使墙板对齐边线及端线。

4.10.5 安装斜支撑

（1）预制隔墙板落位后，在墙板上安装斜支撑。安装支撑时，先固定下部支撑点，再固定上部支撑点，上部支撑点高度安装在预制隔墙板2/3高度处。

（2）预制隔墙板长度小于2m时可布一道斜支撑，大于2m应布2道斜支撑。

4.10.6 墙板垂直度检查和调整

在距墙两端300～500mm处，采用靠尺检查墙板垂直度，垂直度应控制在±3mm内。墙板垂直度不符合要求时应采用斜支撑进行调整。调整时，墙板上所有斜支撑应同时旋转，且方向一致。

4.10.7 连接节点区做法

（1）预制隔墙板与预制内、外墙连接节点如图4-34所示。当预制隔墙板吊装就位、垂直度调整合格后，采用聚氨酯发泡剂在预制隔墙板端部与内外墙缝隙间进行填充。

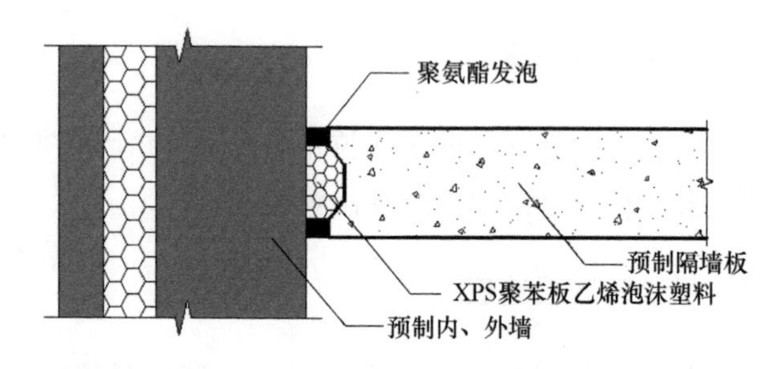

图4-34 预制隔墙板与内外墙连接节点

（2）预制隔墙板与内、外墙现浇混凝土连接节点如图4-35所示。预制隔墙板端部预留连接钢筋，伸入节点区。待预制隔墙板调整完毕后，在节点区绑扎钢筋、支设模板，浇筑混凝土，使预制隔墙板与内外墙连为整体。

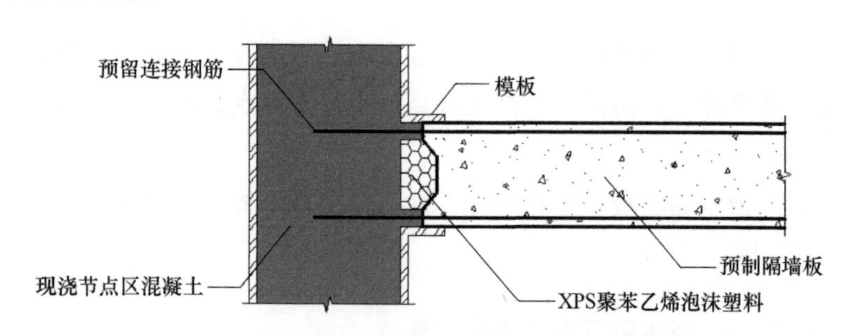

图4-35 预制隔墙板与现浇部位连接节点

(3) 预制隔墙板之间连接节点如图 4-36 和图 4-37 所示。在墙板连接缝隙内打发泡胶填充。预制隔墙板端部两侧各留设深度 10mm、宽度 100mm 的凹槽，待墙板安装连接完成后，凹槽内粘贴 200mm 宽的抗碱玻璃纤维网，并抹 1∶2 水泥砂浆与墙板表面平齐。

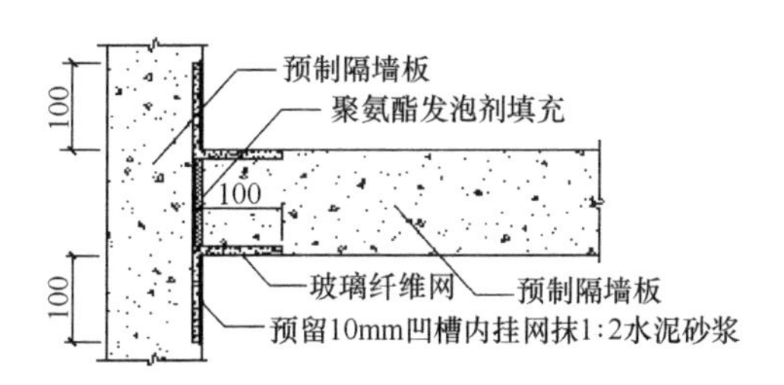

图 4-36 板间 T 形转角处连接节点

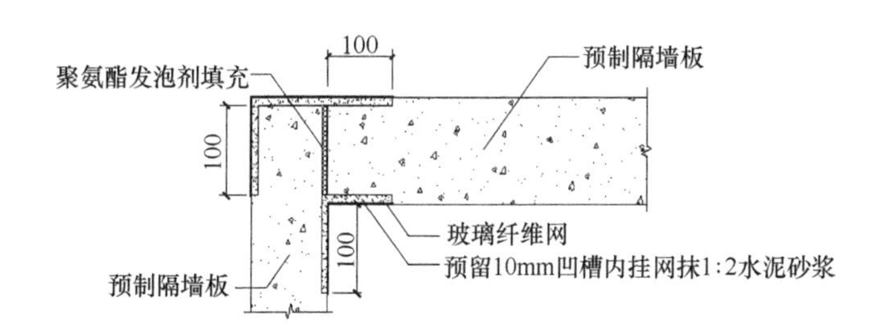

图 4-37 板间 L 形转角处连接节点

4.11 预制双 T 板安装施工工艺流程及操作要点

预制双 T 板安装施工工艺流程见图 4-38。

(1) 吊装前，应测定框架梁预埋件标高，在框架梁预埋件上放好预制双 T 板吊装轴线，并放好预制双 T 板端头定位线。同时在预制双 T 板侧面及顶面放好轴线。

(2) 预制双 T 板（图 4-39）吊装前，应先将落板接触点表面清理干净。并检查双 T 板的基准点、中心线、吊点以及表面是否有损

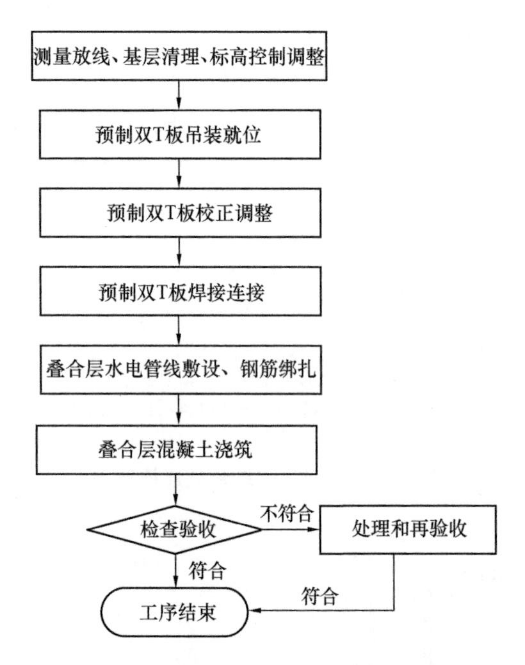

图 4-38　预制双 T 板安装施工工艺流程

图 4-39　预制双 T 板

坏和污垢，确认无误后开始捆扎和吊装。吊装前应复核钢丝绳、吊具强度并检查有无缺陷和安全隐患。

（3）预制双 T 板吊装采用旋转法进行四角平吊，由专人指挥。吊装过程主要包括绑扎→起吊→对位→临时固定→校正→最后固定，如图 4-40 所示。

(4) 预制双 T 板校正包括平面位置和垂直度校正。预制双 T 板底部轴线与框架梁中心对准后，用米尺检测框架梁侧面轴线与预制双 T 板顶面上的轴线间距离。

图 4-40 预制双 T 板吊装

(5) 预制双 T 板节点连接要求

1) 预制双 T 板的四个支撑面必须平整，否则应用薄钢板垫平，然后焊接。

2) 吊装就位后，先焊接一端的两个板肋的支座，待屋面构造层做好后，再焊接另一端的两个支座，如图 4-41 所示。

图 4-41 吊装后的板面及铺设钢筋网

3) 预制双 T 板焊缝尺寸应符合设计要求。

(6) 预制双 T 板节点连接构造

1) 预制双 T 板肋梁和支承梁之间、相邻两预制双 T 板之间均采用焊接连接。预制双 T 板肋梁底部和下部支承梁顶部均预埋有焊接钢板，待预制双 T 板吊装就位后，预制双 T 板肋梁和支承梁之间采用双面焊缝连接，如图 4-42 所示。

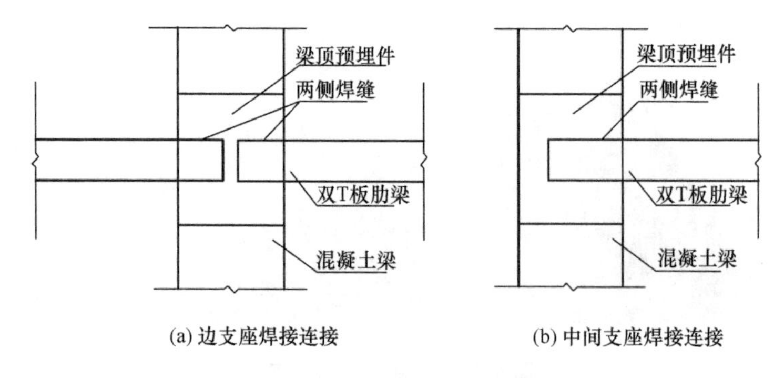

(a) 边支座焊接连接　　(b) 中间支座焊接连接

图 4-42　预制双 T 板与梁焊接连接

2）预制双 T 板板面预埋有焊板，吊装就位后，板面间采用附加钢筋进行焊接连接，板间缝隙用 1：2 水泥砂浆填塞，如图 4-43 所示。

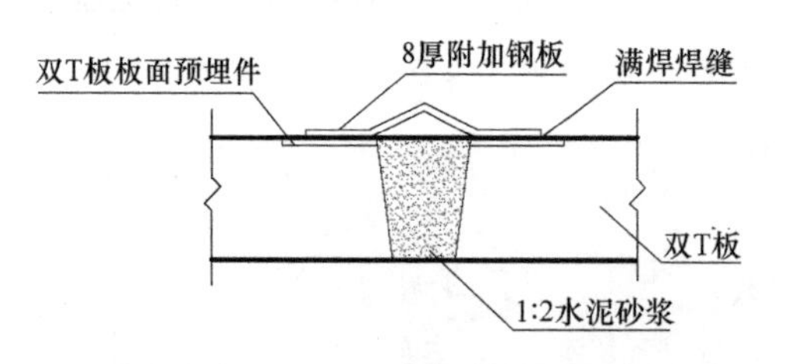

图 4-43　预制双 T 板板面之间焊接连接

（7）预制双 T 板叠合层水电管线敷设和钢筋绑扎同预制叠合板安装施工工艺流程及操作要点。

（8）叠合层混凝土浇筑

浇筑叠合层混凝土前，预制双 T 板底板表面必须清扫干净，并浇水充分湿润（冬期施工除外），但不得有积水。浇筑叠合层混凝土时，应特别注意用平板振动器振捣密实，以保证与底板结合成整体。同时要求布料均匀，布料堆积高度严格按现浇层荷载加施工荷载控制，浇筑后浇水养护并覆盖。

4.12 预制综合管廊安装施工工艺流程及操作要点

预制综合管廊安装施工工艺流程见图 4-44。

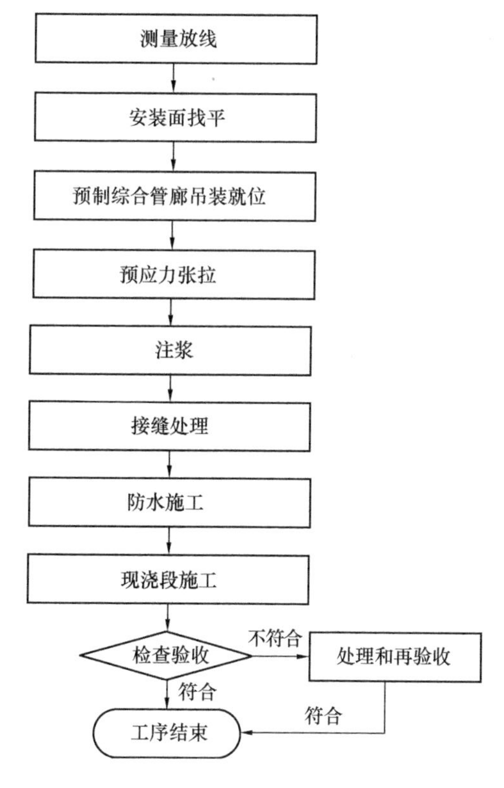

图 4-44 预制综合管廊安装施工工艺流程

（1）预制综合管廊测量放线时，以预制综合管廊基坑开挖线为准，测量定位出管廊中线以及两条边线。并每隔10m测量出一个点的高程，然后根据高程数据，确定管廊底部支垫情况。

（2）预制综合管廊拼装前，根据场地平整度情况，在防水保护层上铺一层5mm厚的黄砂，用于找平和减小预应力张拉时地面对管廊构件的摩擦力。

（3）预制综合管廊构件吊装时，当管廊构件吊离地面20～30mm时，应按照预设标线进行成品两侧位置的扶正，逐步将吊运成品件往拼装位置迁移，逐步使承插口对正结合，待到位置准确后下放构件就位，如图4-45所示。

（4）预制综合管廊构件经定位拼装后，采用预应力钢绞线进行张拉拼装（图4-46）。

图4-45　预制综合管廊构件定位图

图4-46　预应力张拉

1）张拉前，对张拉机及相关器具进行检查，确保器具完好无缺失，同时将准备好的钢绞线沿管廊构件张拉孔穿连，利用喇叭形固定销初步固定。

2）张拉时，由2台额定功率的张拉机配合千斤顶通过2个张拉孔同时同步工作，对不同的孔分别进行张拉，张拉力的大小依次按10MPa逐渐增加。

3）张拉过程中，根据实际情况调整张拉力大小，使管廊构件承插口之间的间隙≤15mm，直到张拉到位。

4）预制综合管廊件张拉完成后，进行循环预应力钢绞线的拆卸。拆卸钢绞线时，4 根张拉孔的钢绞线需逐步进行，先拆卸底端 2 根、再拆卸上端 2 根，直到 4 根循环预应力钢绞线全部拆卸完毕，即一节成品构件拼装完成。

（5）预制综合管廊管段张拉后，若管段底部有空隙或高低不平，可用水泥砂浆从预制管廊底部预留的孔洞中向基底灌注，以充实、找平基底，保证管廊节段底面和垫层面接触紧密。

（6）预制综合管廊防水

1）预制综合管廊构件应提前贴好由专业橡胶生产单位生产的遇水膨胀止水胶条，然后运至工地进行拼装，如图 4-47 所示。

2）预制综合管廊构件之间均设有 3 道防水。第 1 道为遇水膨胀止水胶条，位于管廊构件插口部分的预留槽内；第 2 道为承插口间隙的聚乙烯芯棒泡沫条和聚硫密封膏；第 3 道为综合管廊墙身外防水，采用防水砂浆找平层与高分子自粘复合防水卷材等形成的外防水保护层。

（7）非标准段及现浇连接

预制综合管廊有多处变形缝部位和转角部位采用钢筋混凝土现浇，现浇部位和预制管廊构件间连接采用中埋式止水带防水，先进行底板浇筑再进行墙身与顶板浇筑，如图 4-48 所示。

图 4-47 止水条防水

图 4-48 变形缝和转角处现浇示意

（8）后期处理

预制综合管廊构件拼装完成后，应对吊装孔、张拉手孔、承插口内外间隙进行填充。吊装孔及张拉手孔采用同等强度等级的混凝土进行填充。

4.13 预制看台板安装施工工艺流程及操作要点

预制看台板安装施工工艺流程见图 4-49。

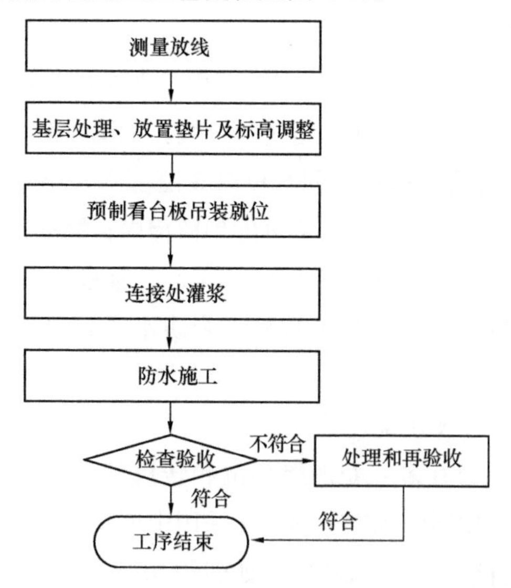

图 4-49 预制看台板安装施工工艺流程

（1）测量放线时应根据施工场地的实际情况，考虑桩位的长期稳定，对每区预制看台板测量设十字形主轴线，作为定位放线的依据。通过对每块预制看台板两侧轴线坐标的定位，得到预制看台板径向中心线，并以此作为预制看台板径向定位的依据。

（2）基层处理

施工中基层平整度应满足设计要求，并在安装实施中根据结构偏

图 4-50 预制看台板堆放示意

差情况进行消除。可采用 1～3mm 的零星钢板垫片进行消除，钢板尺寸约为 120mm×120mm，并在表面涂刷防锈漆。为保证预制看台板与基座板的柔性接触，应在预制看台板构件四角支设橡胶垫。橡胶垫板安放要自然、平整、无强力拉拽的现象（图 4-50）。

（3）预制看台板连接节点采用螺栓灌浆锚固和氯丁橡胶相结合的铰接节点连接方式。连接销定位前将预留孔洞内的杂物、污水清理干净，并保证连接销位置准确。如图 4-51、图 4-52 所示。

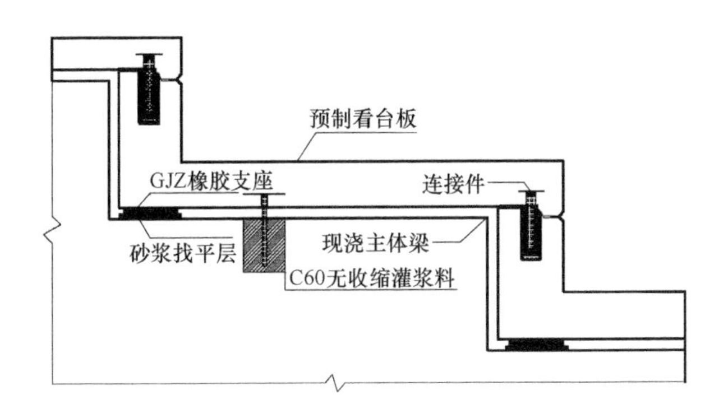

图 4-51 标准板安装节点纵面

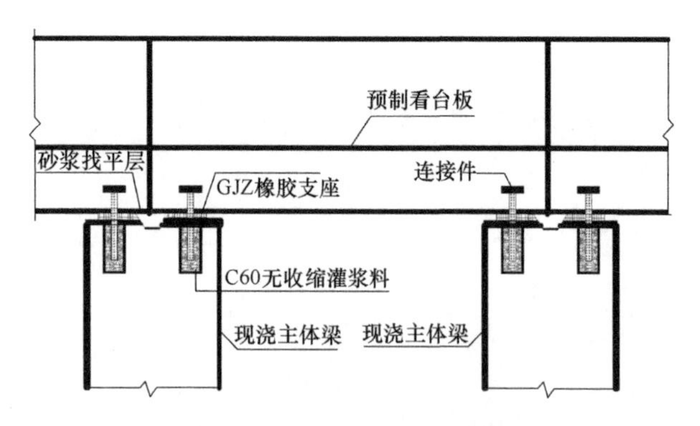

图 4-52 标准板安装节点横剖面

(4) 预制看台板灌浆、就位和固定

用M20砂浆提前进行找平抹面，看台板灌浆料强度等级采用C60。安装时一组配合对橡胶支座进行安装找正，另一组在吊装过程中随时吊装、随时测量，确保构件安装控制在验收规范内方可灌浆。如图 4-53 所示。

图 4-53 预制看台板吊装示意

(5) 预制看台板防水节点构造

预制看台板防水以高性能材料防水为主，构造防水为辅。预制看台板在轴线上设置了水平拼缝和垂直拼缝，在预制看台板现浇结构斜梁上设置通长积水槽等构造设计，每块板均采用“上压下”的倒坡企口形式，符合防水构造要求，如图 4-54、图 4-55 所示。

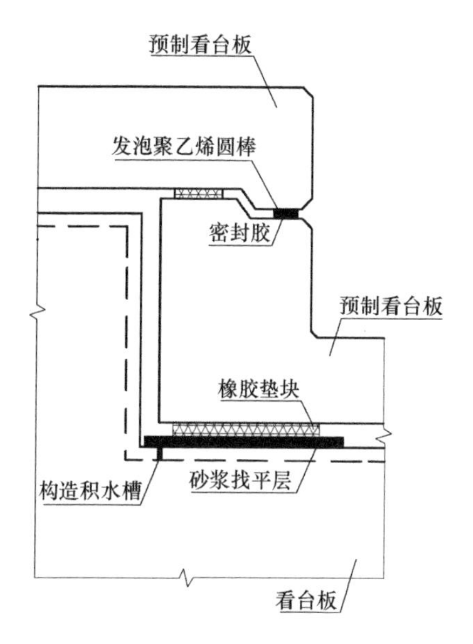

图 4-54 水平缝防水构造图

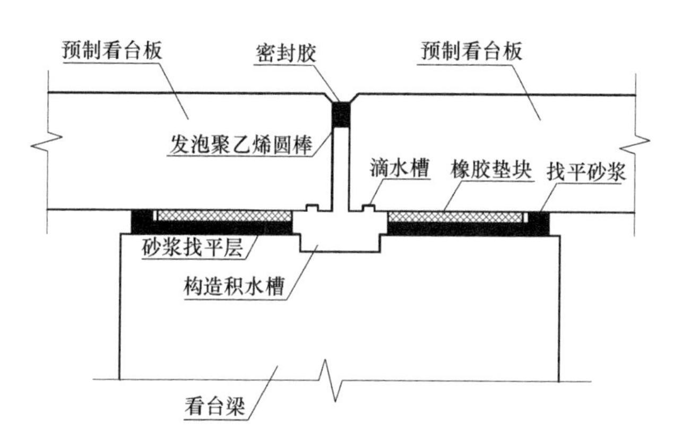

图 4-55 垂直缝防水构造

图 4-56　预制看台板安装后示意

4.14　构件连接及后浇部位施工工艺流程及操作要点

4.14.1　预制构件钢筋套筒灌浆连接

1. 预制构件钢筋套筒灌浆连接施工工艺流程

预制构件钢筋套筒灌浆连接施工工艺流程如图 4-57 所示。

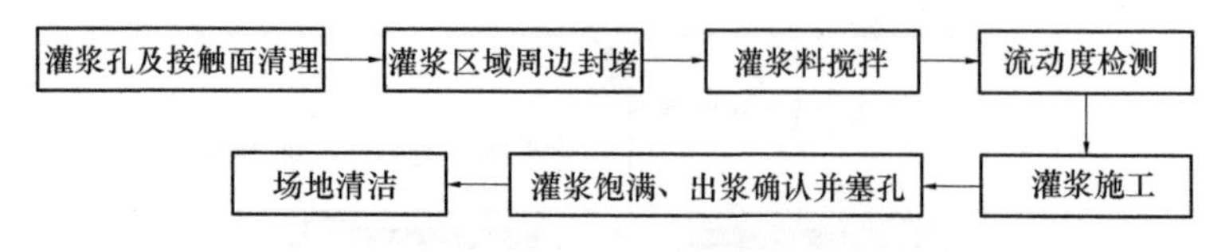

图 4-57　预制构件钢筋套筒灌浆连接施工工艺流程

2. 套筒灌浆连接施工要点

（1）灌浆施工前，应进行灌浆孔及灌浆区域接触面的清理，保证灌浆孔及灌浆区域接触面清洁无杂物。

（2）竖向构件采用连通腔灌浆方式时，应合理划分连通灌浆区域；每个区域除预留灌浆孔、出浆孔外，应形成密闭空腔，不应漏浆；连通灌浆区域内任意两个灌浆套筒间距不宜超过 1.5m。

(3) 灌浆分仓操作完成后，应对各连通灌浆区域进行封堵，且封堵材料不应减小结合面的设计面积。

(4) 灌浆施工应按施工方案执行，并应符合下列规定：

1) 灌浆操作全过程应进行现场监督并及时形成施工检查记录。

2) 灌浆施工时，环境温度应符合灌浆料产品使用说明书要求。

3) 对竖向钢筋套筒灌浆连接，灌浆作业应采用压浆法从灌浆套筒下灌浆孔注入，当灌浆料拌合物从构件其他灌浆孔、出浆孔流出后应及时封堵。

4) 竖向钢筋套筒灌浆连接采用连通腔灌浆时，宜采用一点灌浆的方式；当一点灌浆遇到问题需要改变灌浆点时，各灌浆套筒已封堵灌浆孔、出浆孔应重新打开，待灌浆拌合物再次流出后进行封堵。

5) 灌浆料宜在加水后 30min 内用完。

6) 散落的灌浆料拌合物不得二次使用；剩余的拌合物不得再次添加灌浆料、水后混合使用。

(5) 当灌浆料施工出现无法出浆的情况时，应查明原因，采取的施工措施应符合下列规定：

1) 对于未密实饱满的竖向连接灌浆套筒，当在灌浆料加水拌合 30min 内时，应首选在灌浆孔补灌；当灌浆料拌合物已无法流动时，可从出浆孔补灌，并应采用手动设备结合细管压力灌浆。

2) 水平钢筋连接灌浆施工停止后 30s，当发现灌浆料拌合物下降，应检查灌浆套筒的密封或灌浆料拌合物排气情况，并及时补灌或采取其他措施。

3) 补灌应在灌浆料拌合物达到设计规定的位置后停止，并应在灌浆料凝固后再次检查其位置是否符合设计要求。

4) 注浆完成后，应通知监理进行检查，合格后进行注浆孔的封堵，封堵要求与原墙面平整，并及时清理墙面、地面余浆。

4.14.2 预制构件钢筋浆锚搭接连接

1. 预制构件钢筋浆锚搭接连接施工工艺流程

预制构件钢筋浆锚搭接连接施工工艺流程如图 4-58 所示。

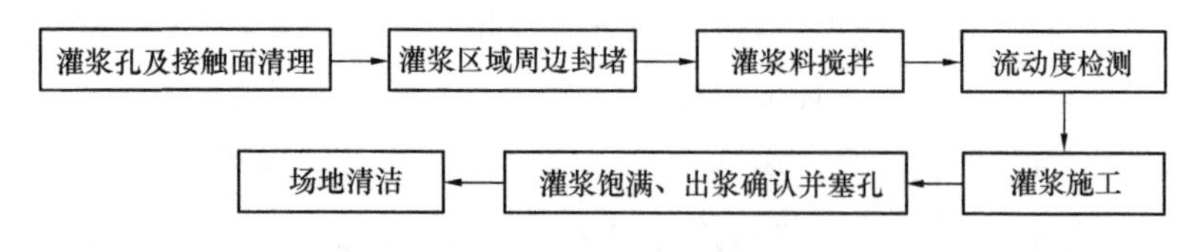

图 4-58 预制构件钢筋浆锚搭接连接施工工艺流程

2. 浆锚搭接连接施工要点

(1) 灌浆施工前，应进行灌浆孔及灌浆区域接触面的清理，保证灌浆孔及灌浆区域接触面清洁无杂物。

(2) 竖向构件采用连通腔灌浆时，并应合理划分连通灌浆区域；每个区域除预留灌浆孔、出浆孔外，应形成密闭空腔，不应漏浆；连通灌浆区域内任意两个灌浆孔间距离不宜超过 1.5m。

(3) 预制墙采用连通腔灌浆方式时，灌浆施工前应对各连通灌浆区域进行封堵，且封堵材料不应减小结合面的设计面积。

(4) 灌浆料施工应按施工方案执行，并应符合下列规定：

1) 注浆前应充分润湿注浆孔洞，防止因孔内混凝土吸水导致灌浆料开裂。

2) 灌浆操作全过程应进行现场监督并及时形成施工检查记录。

3) 每次应有专人进行搅拌，并记录用水量，严禁超过灌浆料水灰比限值。

4) 对竖向钢筋浆锚连接采用连通腔灌浆时，宜采用一点灌浆的方式；当一点灌浆遇到问题而需要改变灌浆点时，已封堵灌浆孔、出浆孔应重新打开，待灌浆料拌合物再次流出后进行封堵。

5) 灌浆料宜在加水后 30min 内用完。

6）散落的灌浆料拌合物不得二次使用；剩余拌合物不得再次添加灌浆料、水后混合使用。

（5）当灌浆料施工出现无法出浆的情况时，应查明原因，采取的施工措施应符合下列规定：

1）对于未密实饱满的竖向构件的钢筋浆锚连接，当在灌浆料加水拌合30min内时，应首选在灌浆孔补灌；当灌浆料拌合物已无法流动时，可从出浆孔补灌，并应采用手动设备结合细管压力灌浆。

2）补灌应在灌浆料拌合物达到设计规定的位置后停止，并应在灌浆料凝固后再次检查其位置是否符合设计要求。

3）注浆完成后，应通知监理进行检查，合格后进行注浆孔的封堵，封堵要求与原墙面平整，并及时清理墙面、地面余浆。

4.14.3 预制构件安装节点部位防水、保温施工

预制外墙接缝防水施工工艺

1. 预制外墙接缝防水、保温构造

预制外墙接缝构造应保证接缝部位的防水、保温等功能，所采用的接缝材料应具有防水、保温、防火、防霉耐候等性能，同时应与混凝土具有兼容性，符合规定的剪切和伸缩变形能力要求。

预制外墙水平缝一般采用高低缝构造，通过保温材料填补、发泡聚乙烯棒填充和建筑耐候胶封堵来实现水平缝防水、保温要求，如图4-59所示。预制外墙垂直缝通过保温材料填补、发泡聚乙烯棒填充和建筑耐候胶封堵来实现垂直缝防水、保温要求，如图4-60所示。

2. 预制外墙接缝防水、保温施工工艺流程

预制外墙接缝防水、保温施工工艺流程如图4-61所示。

3. 预制外墙接缝防水、保温施工要点

（1）预制外墙接缝处理前应进行预制墙板间界面清理，去除灰尘、杂质和不利于粘结的物质。

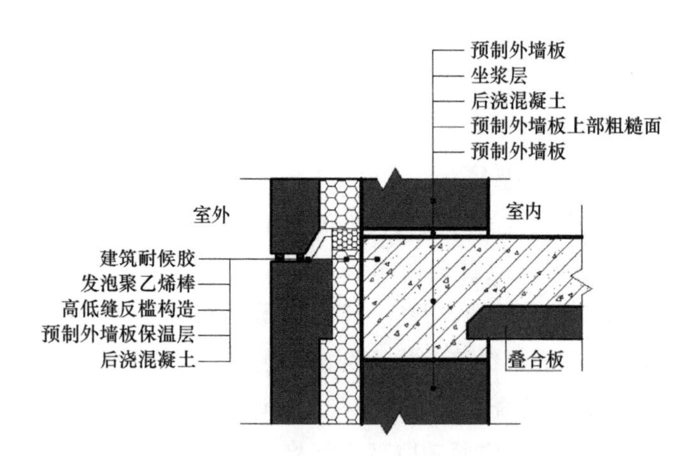

图 4-59 预制外墙水平缝防水、保温构造

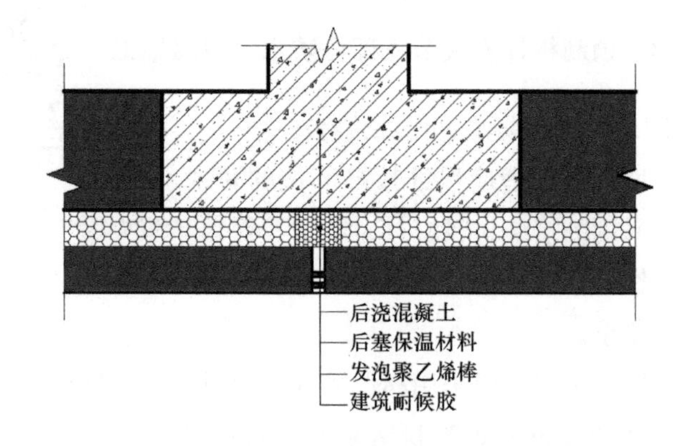

图 4-60 预制外墙垂直缝防水、保温构造

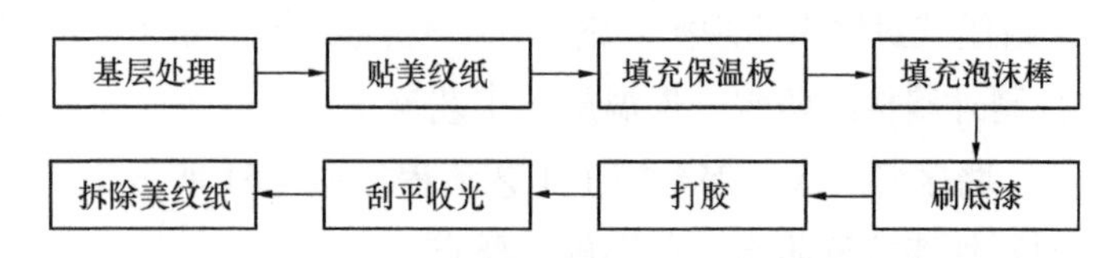

图 4-61 预制外墙接缝防水、保温施工工艺流程

(2) 应根据后浇部位缝隙宽度和保温板的缺口尺寸，合理选择填充材料规格，并裁切好相应的保温板，将裁切好的保温板从上至下轻轻塞入预制混凝土夹心保温墙板保温层的空缺处，保温板应平整、连续。外叶板与外叶板之间的缝隙保持在 20mm 左右，便于后期打胶处理。

(3) 打胶时应注意角度，注胶应从底部开始注入，使胶饱满、无气泡，同时注意不要污染墙面。

(4) 刮胶时应注意角度，以达到理想效果；刮胶过程中应注意不得污染墙面，如造成污染要及时清理。

4.14.4 后浇混凝土施工

装配式建筑工程每一层的预制竖向构件和水平构件吊装施工完成后，需要在各层的预制构件节点连接处及非预制区段绑扎钢筋、预埋管线、支设模板，并后浇混凝土。通过后浇混凝土将各预制构件连接成整体，从而保证结构整体性和安全性。

1. 后浇混凝土施工工艺流程

后浇混凝土施工工艺流程如图 4-62 所示。

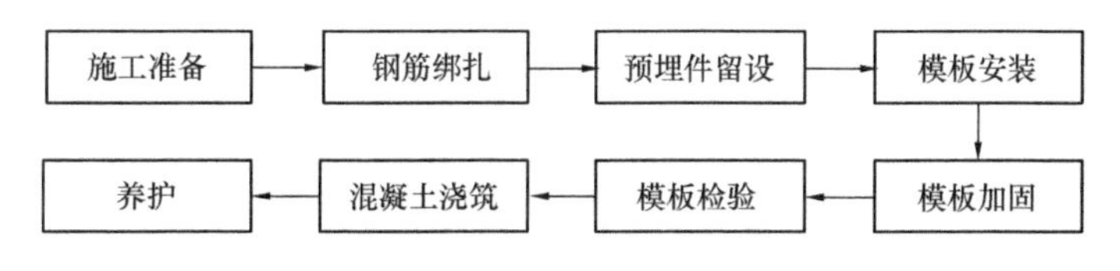

图 4-62 后浇混凝土施工工艺流程

2. 后浇混凝土施工要求及操作要点

(1) 后浇混凝土模板工程（图 4-63、图 4-64）

1）模板宜选用轻质、高强、耐用定型工具式模板，应具有足够的承载力和刚度，并应保证其整体稳固性。装配式建筑后浇混凝土区域模板宜选择铝模板、定型组合钢模板或 PVC 模板等新型模板体系。

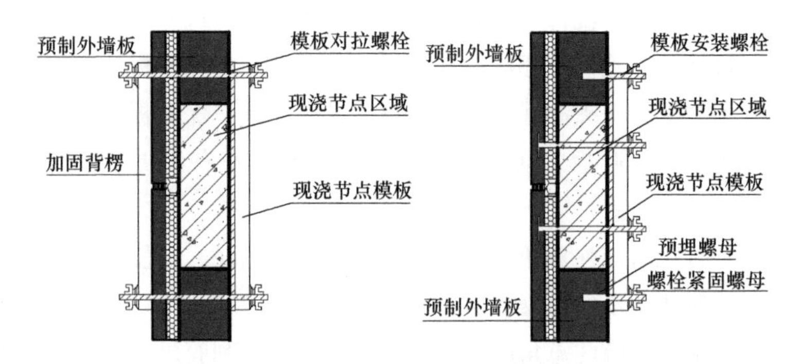

图 4-63　一字形后浇节点模板

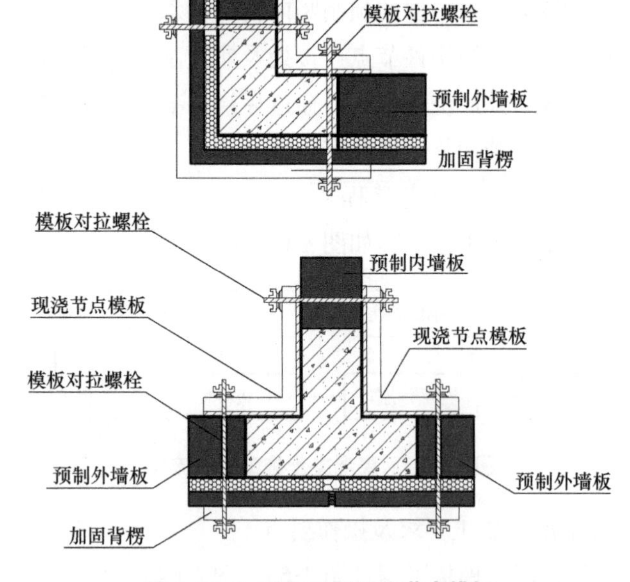

图 4-64　L 形和 T 形后浇节点模板

2）模板安装应待构件钢筋安装完成并经检查验收后进行。

3）模板安装应保证混凝土结构构件各部分形状、尺寸和相对位置准确，并应防止漏浆。

4）对竖向构件的模板及支架，应根据混凝土一次浇筑高度和浇筑速度，采取竖向模板抗侧移和抗倾覆措施。对水平构件的模板及支架，应结合不同的支架和模板面板形式，采取支架间、模板间及模板与支架间的有效拉结措施。

5）模板拆除时，可采取先支后拆、后支先拆、先拆非承重模板、后拆承重模板的顺序，并应从上而下进行拆除。当混凝土强度能保证其表面及棱角不受损伤时，方可拆除侧模。

（2）后浇混凝土工程

1）混凝土浇筑前，预制混凝土墙体构件内部空腔必须清理干净，墙板内表面要用水充分湿润。

装配式建筑后浇节点混凝土施工工艺

2）混凝土强度等级应符合设计要求，浇筑时应分段分层连续浇筑。

3）混凝土振捣应选用微型振捣棒，振捣棒不得触动钢筋和预埋件。

5 装配式混凝土建筑工程质量验收

装配式混凝土建筑施工应按现行国家标准《建筑工程施工质量验收统一标准》GB 50300 的有关规定进行单位工程、分部工程、分项工程检验批的划分和质量验收。

5.1 构件安装质量检查与验收

构件安装分项工程质量验收控制项目分为：主控项目和一般项目。

1. 主控项目

构件装配质量验收

(1) 临时支撑用材料的技术指标应符合国家现行有关标准的规定。进场时应抽样检验临时支撑材料的外观、规格和尺寸。

检查数量：国家现行有关标准的规定确定。

检验方法：检查质量证明文件；观察、尺量。

(2) 预制构件安装临时支撑应稳定可靠，应符合设计、专项施工方案要求及现行相关标准规定。

检查数量：全数检查。

检验方法：观察、检查施工记录或设计文件。

2. 一般项目

预制构件安装就位后，应根据水准点及轴线校正位置，预制构件安装位置和尺寸偏差及检验方法应符合表 5-1 的规定。

检查数量：同一类型的构件，可按楼层或分段为一批，每批抽查构件数量的10%。且不应小于10个，不足10个构件应全数检查。

检验方法：量测检查。

预制构件安装尺寸允许偏差及检验方法　　　　表 5-1

项目			允许偏差(mm)	检验方法
构件中心线对称轴位置	基础		15	经纬仪及尺量
	竖向构件（柱、墙板）		8	
	水平构件（梁、楼板）		5	
构件标高	梁、柱、墙、板底面或顶面		±5	水准仪或拉线、尺量
构件垂直度	柱、墙	≤6m	5	经纬仪或吊线、尺量
		>6m	10	
构件倾斜度	梁、桁架		5	经纬仪或吊线、尺量
相邻构件平整度	板端面		5	2m靠尺和塞尺量测
	梁、板底面	外露	3	
		不外露	5	
	柱、墙侧面	外露	5	
		不外露	8	
构件搁置长度	梁、板		±10	尺量
支座、支垫中心位置	板、梁、柱、墙、桁架		10	尺量
墙板接缝	宽度		±5	尺量

5.2　构件连接质量检查与验收

装配式结构的连接节点处混凝土或灌浆料应达到设计规定的强度方可拆除支撑或进行上部结构安装，主要是考虑施工振动或外力对连接处混凝土或灌浆浆体强度早期破坏和不利影响。

其中控制项目分为：主控项目和一般项目。

1. 主控项目

（1）预制构件临时固定措施应符合设计、专项施工方案要求及国家现行有关标准的规定。

检查数量：全数检查。

检验方法：观察检查，检查施工方案、施工记录或设计文件。

（2）装配式结构采用后浇混凝土连接时，构件连接处后浇混凝土的强度应符合设计要求。

检查数量：按批检验。

检验方法：应符合现行国家标准《混凝土强度检验评定标准》GB/T 50107 的有关规定。

（3）钢筋采用套筒灌浆连接、浆锚搭接连接时，灌浆应饱满、密实，所有出浆口均应出浆。

检查数量：全数检查。

检验方法：检查灌浆施工质量检查记录、有关检验报告。

（4）钢筋套筒灌浆连接及浆锚搭接连接用的灌浆料强度应符合国家现行有关标准的规定及设计要求。

检查数量：按批检验，以每层为一检验批；每工作班应制作 1 组且每层不应少于 3 组 40mm×40mm×160mm 的长方体试件，标准养护 28d 后进行抗压强度试验。

检验方法：检查灌浆料强度试验报告及评定记录。

（5）构件底部接缝坐浆强度应满足设计要求。

检查数量：每个工作班应制作一组同一配合比且每层不应少于 3 组边长为 70.7mm 的立方体试件，标准养护 28d 后进行抗压强度试验。

检验方法：检查坐浆材料强度试验报告及评定记录。

（6）钢筋采用机械连接时，其接头质量应符合现行行业标准《钢筋机械连接技术规程》JGJ 107 的有关规定。

检查数量：应符合现行行业标准《钢筋机械连接技术规程》JGJ 107 的有关规定。

检验方法：检查钢筋机械连接施工记录及平行试件的强度试验报告。

（7）钢筋采用焊接连接时，其焊缝的接头质量应满足设计要求，并应符合现行行业标准《钢筋机械连接技术规程》JGJ 107 的有关规定。

检查数量：应符合现行行业标准《钢筋机械连接技术规程》JGJ 107 的有关规定。

检验方法：检查钢筋焊接接头检验批质量验收记录。

（8）预制构件采用型钢焊接连接时，型钢焊缝的接头质量应满足设计要求，并应符合现行国家标准《钢结构焊接规范》GB 50661 和《钢结构工程施工与质量验收标准》GB 50205 的有关规定。

检查数量：全数检查。

检验方法：应符合现行国家标准《钢结构工程施工质量验收标准》GB 50205 的有关规定。

（9）预制构件采用螺栓连接时，螺栓的材质、规格、拧紧力矩应符合设计要求及现行国家标准《钢结构设计规范》GB 50017 和《钢结构工程施工质量验收标准》GB 50205 的有关规定。

检查数量：全数检查。

检验方法：应符合现行国家标准《钢结构工程施工质量验收标准》GB 50205 的有关规定。

（10）装配式结构分项工程的外观质量不应有严重缺陷，且不得有影响结构性能和使用功能的尺寸偏差。

检查数量：全数检查。

检验方法：观察、量测；检查处理记录。

(11) 外墙板接缝的防水性能应符合设计要求。

检查数量：按批检验，每 1000m^2 外墙（含窗）面积应划分为一个检验批，不足 1000m^2 时也应分为一个检验批；每个检验批至少应抽查一处，抽查部位应为相邻两层 4 块墙板形成的水平和竖向十字接缝区域，每处不得少于 10m^2。

检验方法：检查现场淋水试验报告。

2. 一般项目

(1) 装配式结构分项工程的施工尺寸偏差及检验方法应符合设计要求；当设计无要求时，应符合现行国家标准《装配式混凝土建筑技术标准》GB/T 51231 的规定。

检查数量：按楼层、结构缝或施工段划分检验批。同一检验批内，对梁、柱，应抽查构件数量的 10%且不少于 3 件；对墙和板，应按有代表性的自然间抽查 10%且不少 3 间；对大空间结构，墙可按相邻轴线间高度 5m 左右划分检查面，板可按纵、横轴线划分检查面，抽查 10%，且均不少于 3 面。

(2) 装配式混凝土建筑的饰面外观质量应符合设计要求，并应符合现行国家标准《建筑装饰装修工程质量验收标准》GB 50210 的有关规定。

检查数量：全数检查。

检验方法：观察、对比量测。

5.3 构件装配质量自检与交接检

(1) 装配式混凝土建筑的部品验收应分施工区域分层分阶段开展。

(2) 部品质量验收应根据工程实际情况检查下列文件记录：

1) 施工图或竣工图、性能试验报告、设计说明及其他设计文件。

2）部品和配套材料的出厂合格证、进场验收记录。

3）施工安装记录。

4）隐蔽工程验收记录。

5）施工过程中重大技术问题的处理文件、工作记录和工程变更记录。

（3）部品验收分部分项划分应满足国家现行标准要求，检验批划分按现行国家标准《装配式混凝土建筑技术标准》GB/T 51231 的有关规定。

（4）自检：操作工人对所安装的部品部件，按照图纸、工艺或合同中规定的技术标准自行进行检验，并作出是否合格的判断。

（5）互检：下道工序对上道工序流转过来的产品进行的检验或班组长对本小组工人加工出来的产品进行检验等。

（6）专检：由质量检验部门检验人员进行的检验。

（7）巡检：由质量检验部门检验人员对装配过程定期巡回检验，目的是监视过程质量状况，及时发现质量问题，以便于工作及时予以纠正。

（8）装配式混凝土建筑的装饰装修、机电安装等分部工程应按国家现行有关标准进行质量验收。

（9）装配式混凝土结构工程应按混凝土结构子分部工程进行验收，装配式混凝土结构部分应按混凝土结构子分部工程的分项工程验收。混凝土结构子分部中其他分项工程应符合现行国家标准《混凝土结构工程施工质量验收规范》GB 50204 的有关规定。

（10）装配式混凝土结构工程施工用的原材料、部品、构配件均应按检验批进行进场验收。

（11）装配式混凝土结构连接节点及叠合构件浇筑混凝土前，应进行隐蔽工程验收。隐蔽工程验收应包括下列主要内容：

1）混凝土粗糙面的质量，键槽的尺寸、数量、位置。

2）钢筋的牌号、规格、数量、位置、间距，箍筋弯钩的弯折角度及平直段长度。

3）钢筋的连接方式、接头位置、接头数量、接头面积百分率、搭接长度、锚固方式及锚固长度。

4）预埋件、预留管线的规格、数量、位置。

5）预制混凝土构件接缝处防水、防火等构造做法。

6）保温及其节点施工。

7）其他隐蔽项目。

（12）混凝土结构子分部工程验收时，除应符合现行国家标准《混凝土结构工程施工质量验收规范》GB 50204 的有关规定提供文件和记录外，尚应提供下列文件和记录：

1）工程设计文件、预制构件安装施工图和加工制作详图。

2）预制构件、主要材料及配件的质量证明文件、进场验收记录、抽样复验报告。

3）预制构件安装施工记录。

4）钢筋套筒灌浆型式检验报告、工艺检验报告和施工检验记录，浆锚搭接连接的施工检验记录。

5）后浇混凝土部位的隐蔽工程检查验收文件。

6）后浇混凝土、灌浆料、坐浆料强度检测报告。

7）外墙防水施工质量检验记录。

8）装配式结构分项工程质量验收文件。

9）装配式工程的重大质量问题处理方案和验收记录。

10）装配式工程的其他文件和记录。

5.4 构件装配质量通病防治

构件装配质量通病防治

5.4.1 竖向 PC 构件安装拼缝错位

（1）问题表现及影响：墙体外立面缝大小不一，

上下层或多层拼缝错位，影响拼缝防水和外立面装饰。

（2）原因分析

1）墙板安装线、拼缝控制线放设不全，墙板未安装在准确的位置上。

2）现场构件安装未按拼缝控制线校正，导致拼缝累计误差，拼缝错位。

（3）防治措施

1）吊装前检查楼层主控线，构件端线、边线，墙柱拼缝控制线是否逐一放设到位。

2）根据墙板拼缝控制线，逐块检查校正，对于偏差较小构件，先微调斜支撑，用撬杠撬动，水平挪移校正；对于偏差较大构件，应重新起吊调整校正。

3）构件安装拼缝累计偏差，应分段分缝均匀分摊处理，禁止拼缝一次调整到位，造成外墙立面有明显拼缝错位，影响美观。

5.4.2 现浇转换层楼板面预埋插筋偏位

（1）问题表现及影响：预埋插筋偏位，墙板吊装无法落位。

（2）原因分析

1）现浇楼板面插筋预埋偏位。

2）楼板面混凝土浇捣插筋偏位。

（3）防治措施

1）根据设计插筋布置图，制作预埋插筋校核钢板，在插筋预埋时核准校正。

2）吊装前用插筋校核钢板二次精度校正，对钢筋偏差较小的，采用冷弯或预热弯曲校正。

3）对偏差较大的钢筋，报请结构设计验算，可采用定位植筋的方法处理。

5.4.3 叠合板安装后，板面开裂

（1）问题表现及影响：叠合板安装后，板面开裂，影响构件的观感质量。

（2）原因分析

1）叠合板起吊时挂钩点过少，吊装构件受力开裂。

2）叠合板面堆载过于集中，超载变形开裂。

3）叠合板未达到脱模、起吊、运输强度值开裂。

4）板底支撑未调平，构件悬空受力变形开裂。

（3）防治措施

1）板面开裂宽度大于 0.3mm 且裂缝长度大于 300mm 的，做更换处理。

2）裂缝宽度不足 0.2mm 且在外表面时，用专用防水浆料修补。

3）确保预制构件强度不低于设计强度的 75%。

4）大于等于 4m 的叠合板应采用 6 点起吊，小于 4m 的板应采用 4 点起吊。

5.4.4 套筒灌浆施工困难

（1）问题表现及影响：灌浆堵管、漏浆、灌不进、灌浆后破坏。

（2）原因分析

1）灌浆料搅拌时放料配比不对，搅拌完成后，时间过长流动性丧失。

2）灌浆前未封堵吊装施工水平缝，未设计灌浆分仓堵管。

3）灌浆后养护时间太短，受到施工破坏。

（3）防治措施

1）严格按产品出厂检验报告的要求配置水料比。

2）先将水倒入搅拌桶，然后加入约 70%料，用专用搅拌机搅拌

1～2min大致均匀后，再将剩余料全部加入，再搅拌3～4min至彻底均匀。搅拌均匀后，静置2～3min，使浆内气泡自然排出后直接使用，20～30min内灌完。

3）灌浆前墙板设置分仓，一般单仓长度不超过1m。

4）环境温度在15℃以上，24h内不得扰动墙板；5～15℃，48h内不得扰动；5℃以下不宜施工，或使用新型带防冻剂的灌浆料。

6 装配式混凝土建筑施工组织管理与安全文明施工

装配式混凝土建筑是建筑行业由传统的粗放型生产管理方式向精细化方向发展的主要途径。因此，对施工的组织管理提出了较高的要求。建筑产业工人必须掌握本岗位所需的基本安全知识和操作技能，懂得本岗位易发的安全风险和预防措施。

6.1 组织管理

装配式混凝土建筑施工组织管理

6.1.1 装配式混凝土建筑施工准备

包括技术准备、物资准备、劳动组织准备、场内外条件准备。

1. 技术准备

装配式混凝土建筑工程施工前，预制构件模板图、配筋图、预埋吊件及各种预埋件的细部构造图，水、电线、管、盒预埋预设布置图等应由相关单位完成深化设计，并经原设计单位确认。

对于构件运输与堆放、构件安装与连接等内容应编制专项施工方案，必要时由施工单位组织专家论证。在施工开始前，应编写施工组织设计，按照三级技术交底程序要求，逐级进行技术交底。特别是对不同技术工种进行针对性的技术交底，并应根据工程需要编制装配工操作手册。

2. 物资准备

根据施工预算、分部（项）工程施工方法和施工进度的安排，在施工前要将关于装配式混凝土结构施工的物资准备好，按照施工总平面图的要求，按计划时间、规定方式、指定地点进行进场储存或堆放，以免在施工过程中因物资问题而影响施工进度和质量。

3. 劳动组织准备

在工程开工前应建立拟建工程项目的管理团队，建立精干有经验的施工队组，建立健全各项管理制度，组织劳动力进场。

4. 场内外条件准备

施工现场应做好“三通一平”（路通、水通、电通和平整场地）的准备，做好塔吊布置、现场临时设施搭建、PC 构件堆场设置等的规划工作，并确保现场道路宽度、厚度和转角等情况满足 PC 构件运输要求。其中塔吊布置需要考虑单块 PC 构件的最大重量和吊装半径等的施工需求。

场外应按照整体施工安排协调好 PC 构件的出厂时间，并在施工前派遣质量人员到 PC 构件预制工厂进行质量验收相关工作。场外道路应选用无夜间限制通行的路线，必要时实测 PC 构件的运输路线及沿途路段限高、限重、限宽等路况。

6.1.2 制定工程目标

（1）制定重大伤亡零事故，无重大治安、刑事案件和火灾事故的安全施工目标。

（2）制定符合文明施工标准，争创文明工地管理目标。

（3）制定严格按照合同条款要求和现行规范标准组织施工，确保工程质量合格的质量目标。

（4）制定在保障施工总进度计划实现的前提下，施工过程中投入相应数量的劳动力、机械设备、管理人员，并根据施工方案合理有序、有效地调配，保证计划中各施工节点如期完成的进度施工目标。

6.1.3 装配式混凝土建筑组织施工

（1）PC预制构件实行工厂化生产，应选择专业预制构件生产单位。装配式预制构件在工厂加工后，运送到工地现场卸车并吊装安装。

（2）PC构件运输应由构件预制工厂编制构件运输专项方案，施工单位确认后实施，构件尽量分类装车。

（3）PC构件堆场布设应综合考虑工程进度、现场施工条件、构件预制工厂储存备料能力、现场吊装运输等因素。在施工现场布置时，尽量方便现场吊运施工，减少二次运输。

（4）PC构件成品保护贯穿生产、运输、堆放和吊装的全过程，在施工作业前，应列出成品、半成品保护内容清单，编写成品保护控制流程，制定严格的管理制度，并设立专职管理人员。

（5）装配式建筑工程项目施工应结合进度计划安排和施工方案，考虑现场各工序交叉作业，加强协调管理保证进度要求。

（6）装配式建筑工程项目施工管理应采用信息化技术。预制构件应采用物联网技术，以二维码或数字芯片作为构件的信息载体，通过扫码读取预制构件信息，提高吊装施工效率。可通过BIM技术将关键节点和难点的施工工序制作成模拟动画，更加直观、便捷地对现场吊装人员进行技术交底，指导现场施工。

6.1.4 装配式混凝土建筑施工质量控制措施

（1）装配式混凝土建筑施工过程中，应重视转换层、连接节点的位置准确和精细误差控制，严格按规范要求进行施工，保证施工质量。

（2）装配式混凝土建筑工程施工现场构件的堆放、运输、安装等流程和环节应有健全的质量管理体系和质量管理制度。

(3) 装配式混凝土建筑工程施工前，应加强设计图、施工图和PC加工图的结合，掌握有关技术要求及细部构造，编制装配式建筑结构专项施工方案，构件生产、现场吊装、成品验收等应制定专项技术措施。

(4) 施工前，应按照技术交底内容和程序，逐级进行技术交底，对不同技术工种的针对性交底，应达到施工操作要求。

(5) 施工过程中，必须确保各项施工方案和技术措施落实到位，各工序控制应符合规范和设计要求。

6.2 班组管理

施工班组是施工单位组织工人完成装配任务的基本生产单元，加强班组建设工作，实现班组管理的规范化、标准化、方便化，可以提升整个项目的安全文明生产水平。

6.2.1 综合管理

(1) 以业绩评估工作为主体，加强和规范班组建设制度，实现班组建设工作的制度化、标准化。

(2) 形成班组奖勤罚懒的机制，实行按劳、按责分配，并形成记录。

(3) 按日考勤，及时准确地核对。

(4) 加强统计管理，做好各种原始记录、保管和传递工作，做好班组工作日志、安全记录、培训记录、综合会议记录等。

6.2.2 生产管理

(1) 装配工应服从班组长的生产安排和生产调动，严格按照项目部制定的装配计划合理安排各项生产任务。

（2）各项构件装配过程中所需原材料、人员、设备、监控测量装置等，应妥善安排，以避免停工待料。

（3）建筑产业工人上岗前由技术部进行培训，使其熟悉装配作业的技能、技巧。

（4）装配工严格按照工艺流程、操作规程的规定进行装配作业，发现构件不合格，要及时反映。

（5）每道工序完成后，装配工应按技术要求进行自检，合格后方可转入下一道工序。

（6）各种安装设备及工具应经常检查、保养，确保符合使用规定。

6.2.3 安全管理

（1）装配工必须经过安全教育后方可上岗，提前做好质量事故的预防工作。

（2）坚持每天召开班前、班后会，班前会安排工作时强调安全注意事项，班后会主要对当日工作存在安全问题进行总结。

（3）每周至少开展一次安全教育培训活动，提高班组人员安全技能和安全意识。

6.3 安全生产常识

6.3.1 安全生产基本概念

（1）安全生产方针为“安全第一、预防为主、综合治理”。

装配式建筑
安全文明施工

（2）“三违”

安全生产中的“三违”是“违章指挥，违章操作，违反劳动纪律”的简称。

反“三违”：即通过制定政策、加强管理、开展教育等方式来遏制“三违”现象的发生，从而促进企业的生产安全，减少事故。

(3)“三不伤害”

“不伤害自己，不伤害他人，不被别人伤害”，是我国为减少人为事故而采取的在作业中作业人员的一个互相监督原则。

6.3.2 安全标志

(1) 禁止标志：不准或制止人们的某种行动。

禁止标志的几何图形是红色带斜杠的圆环，其中圆环与斜杠相连；图形符号用黑色，背景用白色，如图 6-1 所示。

图 6-1 禁止标志

(2) 警告标志：警告人们可能发生的危险。

警告标志的几何图形是黑色的正三角形、黑色符号和黄色背景，如图 6-2 所示。

(3) 指令标志：告诉人们必须遵守某项规定。

指令标志的几何图形是圆形，蓝色背景，白色图形符号，如图 6-3所示。

(4) 提示标志：向人们指示目标和方向。

提示标志的几何图形是方形，绿、红色背景，白色图形符号及文字，如图 6-4 所示。

图 6-2　警告标志

图 6-3　指令标志

图 6-4　提示标志

6.3.3　常见事故类别

与普通建筑相比，装配式建筑工程施工需要吊装重型构件，进行高空作业，具有一定的特殊性，施工中常见的安全隐患有：

1. 高处坠落

预制构件装配多在高处实施，建筑产业工人在进行外围作业时，安全绳索无处系挂或系挂不牢固，存在高处坠落的可能性，严重威胁其人身安全，因此高处作业应重视。预防高处坠落的措施及注意事项：

（1）施工前，进行安全技术教育及交底，落实安全技术措施和个人防护用品，未经落实不得进行施工。

（2）凡从事高处作业人员应接受高处作业安全知识的教育，特种高处作业人员应取得特种作业操作资格证书后，方可上岗作业。采用新工艺、新技术、新材料和新设备的，应按规定对作业人员进行相关安全技术教育。

（3）高处作业人员应经过体检合格后方可上岗，高处作业人员应头戴安全帽，身穿紧口工作服，脚穿防滑鞋，腰系安全带。

（4）施工单位应按类别，有针对性地将各类安全警示标志悬挂于施工现场各相应部位；夜间应设红灯示警；不得损坏或擅自移动和拆除安全防护设施和安全标志。

（5）高处作业所用工具、材料严禁从高处向下抛掷，确有需要进行上下立体交叉作业时，中间须设隔离设施，所有设施必须稳固牢靠，安全员必须进行现场巡查。

（6）高处作业应设置可靠扶梯，作业人员应沿着扶梯上下，不得沿着立杆与栏杆攀登。

（7）遇有六级以上强风、浓雾和雨雪等恶劣天气，不得进行露天高处作业。

（8）高处作业应设置联系信号或通信装置，并指定专人负责。

（9）高处作业前，工程项目应组织有关部门对安全防护设施进行验收，经验收合格签字后方可作业。需要临时拆除或变动安全设施的，应经项目分管负责人审批签字。

2. 物体打击

在装配式建筑施工中，物体打击是比较常见的安全事故。预防物体打击的措施及注意事项如下：

（1）作业人员进入施工现场必须按规定佩戴好安全帽，并且在规定的安全通道内出入、上下，禁止在非规定通道行走。

（2）物料传递不准往下或向上抛掷，所有物料应堆放平稳，不得放在临边及洞口附近，不能妨碍通行。

（3）拆除或拆卸作业应在设置警戒区域、有人监护的条件下进行；对拆卸下的物料、建筑垃圾应及时清理和运走，不得在走道上任意乱放或向下丢弃。

3. 起重伤害

预防起重伤害的措施及注意事项：

（1）起重吊装使用的起重机械应经法定检测单位检测合格，并经项目部组织联合验收合格后方可投入使用。

（2）起吊构件就位时，应与构件保持一定的安全距离，用拉伸或撑杆、钩子辅助其就位。

（3）起吊构件就位固定稳固前，不应解开或松动吊装索具。

（4）机械在运转中不得进行维修、保养、紧固、调整等作业。

4. 触电

在装配式建筑施工中，触电是很容易被忽视却又常常会发生的一类事故。预防触电的措施及注意事项：

（1）使用手动工具必须遵守相应的安全操作规程，保证电源插头、开关、绝缘保护装置完好。电动工具有漏电现象时，必须由电工进行修理，严禁个人私自拆除修理。

（2）在移动照明灯、电焊机等电气设备时，必须先切断电源，并保护好导线，以免磨损或拉断。

（3）在雷雨天，不要走近高压电杆、铁塔、避雷针的接地导线周围 20m 内。

6.4 常见安全生产防护用品和工器具的使用方法

进入施工现场必须戴安全帽，高空作业人员应佩戴安全带、穿防滑鞋；在建筑物四周必须用密目式安全网全封闭；在高压带电场所应佩戴绝缘工具；在有蒸汽、粉尘、烟、雾等场所应佩戴防护口罩；在烟雾、尘粒、金属火花和飞屑、热、电磁辐射、激光、化学飞溅等场所应佩戴防护眼罩。

6.4.1 安全帽和安全带

安全帽主要是为了保护头部不受到伤害。安全帽的佩戴应符合标准，使用要符合规定。

装配式建筑工程施工现场，高处作业、交叉作业多。为了防止作业者可能出现的坠落，作业者在登高和高处作业时，必须系挂好安全带。

6.4.2 常用索具和吊具的使用安全常识

施工中常用索具和吊具有钢丝绳、卡环、吊钩、绳夹等，必须安全可靠，使用前应认真查验，进行安全程度的评估。

1. 钢丝绳的安全使用与管理

(1) 选用钢丝绳应合理，钢丝绳的动荷系数、不均衡系数、安全系数分别不得小于规定。

(2) 旧钢丝绳，在使用前，应检查其磨损程度。每一节距内折断的钢丝，不得超过5%。对大型构件、重构件的吊装宜使用新的钢丝绳，使用前也应检验。

(3) 绳芯损坏或绳股挤出应该报废或截除；钢丝绳笼状畸形、压扁严重、受过火烧或电灼、严重扭结或弯折应报废或截除。

（4）起吊大型及有突出边棱的构件时，应在钢丝绳与构件接触的拐角处设垫衬，以防损伤钢丝绳。

（5）为了避免电弧破坏钢丝绳或引起触电事故，应防止钢丝绳与电线、电缆线接触。

（6）钢丝绳使用后应及时除去污物，每年浸油一次，并存放在通风干燥处。

2. 卡环的安全使用

（1）卡环的极限工作载荷和使用范围是卡环的使用依据，严禁超荷使用。

（2）卡环连接的两根绳索或吊环，应该一头套在横销上，另一头套在卡环的弯环上，不准分别套在卡环的两个直段上，以免卡环横向受力。

（3）吊装完毕后，应及时卸下卡环，并将横销装好，严禁将横销乱扔，以防损坏横销的螺纹。

（4）不得使用横销无螺纹的卡环。以防止横销滑出，发生事故。

3. 吊钩、吊环的安全使用

（1）吊钩、吊环表面应光滑。在使用时应进行检查，如有裂纹或破口、钩尾和螺纹部分有变形及裂纹现象应更新。

（2）作业时，吊钩、吊环不得超负荷使用。

（3）使用吊钩与重物吊环相连接时，必须保证吊钩的位置和受力符合要求。

（4）吊钩不得补焊。

4. 绳夹的安全使用

（1）上夹头时应将螺栓拧紧，直到绳被压扁1/4～1/3直径时停止，并在绳受力后，再次将夹头螺栓拧紧一次，以确保接头强健牢靠。

（2）绳夹不得在钢丝绳上交替布置，应长绳压短绳，即长绳放置在压板一侧。

(3) 起吊重要设备时，为便于检查，可在绳头尾部增加一保险夹。

6.4.3 起重机具的安全生产常识

1. 汽车起重机的安全使用

(1) 汽车起重机应每年由法定检测单位进行定期检验，使用时必须按照额定的起重量工作，不能超载和违反该车使用说明书所规定的要求条款。

(2) 起吊时起重臂下不得有人停留或行走，起重臂、物件必须与架空电线保持安全距离。

(3) 汽车式起重机的支腿处必须坚实，应增铺垫道木，加大承压面积。在起吊重物前，应对支腿加强观察，看看有无陷落现象，以保证使用安全。

(4) 作业前应将地面处理平坦，放好支腿，调平机架。支腿未完全伸出时，禁止作业。

(5) 工作时应注意风力大小，六级风时应停止工作。

2. 塔式起重机的安全使用

(1) 塔式起重机投入使用前应经法定检测单位检测合格。作业前应进行空运转，检查各工作机构、制动器、安全装置等是否正常。

(2) 塔机司机应与现场指挥人员配合好，作业中不论任何人发出紧急停车信号，司机应立即执行。

(3) 不得使用限位作为停止运行开关；提升重物，不得自由下落。

(4) 严禁拔桩、斜拉、斜吊和超负荷运转，严禁用吊钩直接挂吊物、用塔机运送人员。

(5) 作业中任何安全装置报警，都应查明原因，不得随意拆除安全装置。

（6）遇有风速在 12m/s 及以上的大风或大雨、大雪、大雾等恶劣天气时，应停止作业。

（7）作业完毕后，应松开回转制动器，各部件应置于非工作状态，控制开关应置于零位，并应切断总电源。

3. 千斤顶的安全使用

（1）严禁超载使用，不得加长手柄或超过规定人数操作。

（2）应设置在平整、坚实处，并用垫木垫平。千斤顶必须与荷重面垂直，其顶部与重物的接触面间应加防滑垫层。

（3）几台千斤顶同时作业时，应保证同步顶升和降落。

（4）起升大型构件时应两端分开起落，一端起落，另一端必须垫实、垫牢、放稳。

（5）液压千斤顶不得做永久支承。如必须做长时间支承时，应在重物下面增加支承部件，以保证液压千斤顶不受损坏。

（6）下降速度必须缓慢，严禁在带负荷的情况下使其突然下降，以防止其内部机构受到冲击而损伤，或使摇把跳动伤人。

6.5 安全事故预防措施与生产安全事故处理

6.5.1 安全事故预防

（1）落实安全责任，建立、完善以项目经理为第一责任人的安全生产体系，承担组织、领导安全生产的责任；建立各级人员的安全生产责任制度，明确各级人员的安全责任，通过层层签订安全目标责任书、安全责任追究等形式，抓责任落实、制度落实。

（2）加强安全教育与训练，提高安全防范意识。坚持把安全教育放在首位，以行为规范为核心，紧密与生产实际相结合，正确引导员工的思想动态，不断增强安全意识。经过安全教育培训，考试合格后方可上岗作业；特种作业（电工作业，起重机械作业，电、气焊作业，登高架设作业等）人员，必须经专门培训、考试合格并取得特种作业资格证，方可独立进行特种作业。

(3) 应加强安全检查，提高现场安全管理水平，组织多种形式的安全检查，及时发现事故隐患，按照定责任人、定整改措施、定整改期限的“三定”原则，狠抓隐患治理工作，把事故消灭在萌芽阶段。

(4) 按科学的作业标准，规范各岗位、各工种作业人员的行为，提高施工规范化、标准化程度，控制人的不安全行为，防范安全事故。

6.5.2 生产安全事故处理程序

1. 安全事故分级与类别

根据《生产安全事故报告和调查处理条例》，事故划分为特别重大事故、重大事故、较大事故和一般事故4个等级。

(1) 特别重大事故，是指造成30人以上死亡，或者100人以上重伤（包括急性工业中毒，下同），或者1亿元以上直接经济损失的事故。

(2) 重大事故，是指造成10人以上30人以下死亡，或者50人以上100人以下重伤，或者5000万元以上1亿元以下直接经济损失的事故。

(3) 较大事故，是指造成3人以上10人以下死亡，或者10人以上50人以下重伤，或者1000万元以上5000万元以下直接经济损失的事故。

(4) 一般事故，是指造成3人以下死亡，或者10人以下重伤，或者1000万元以下直接经济损失的事故。

注意：以上事故的以下不包括本数，以上包括本数。

2. 生产安全事故处理程序

生产安全事故处理程序如图 6-5 所示。

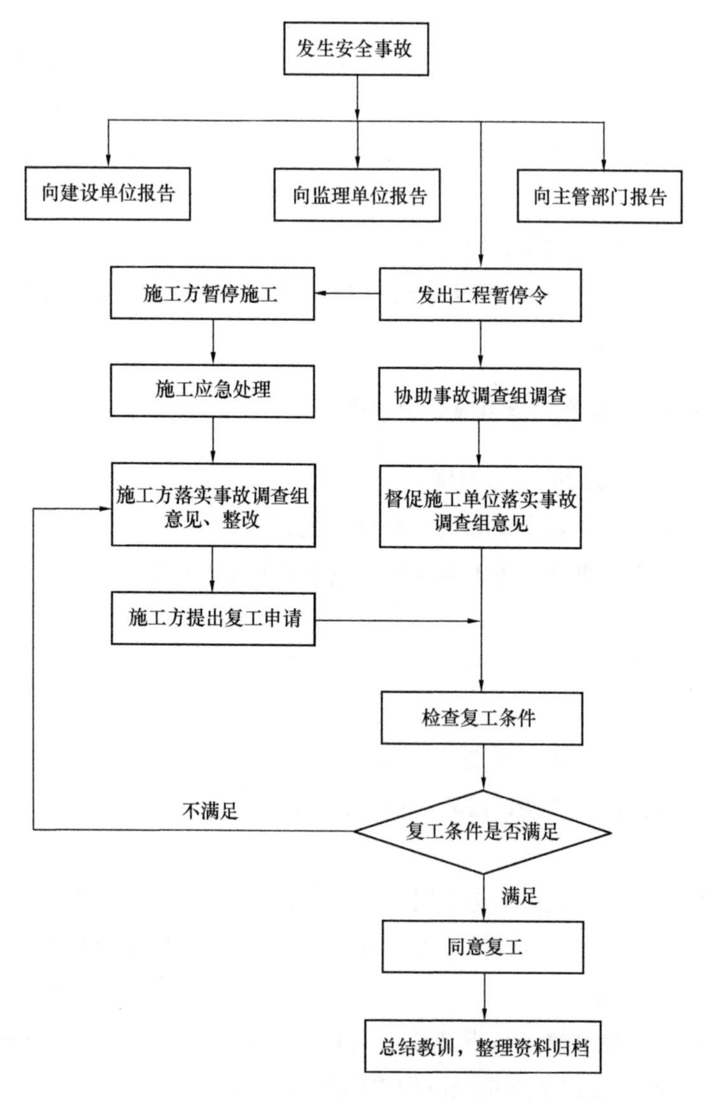

图 6-5 生产安全事故处理程序

3. 安全事故的处理原则

一般按照“四不放过”的原则进行处理：

(1) 事故原因未查清不放过。

(2) 事故责任人未受到处理不放过。

(3) 事故责任人和周围群众没有受到教育不放过。

(4) 事故没有制定切实可行的整改措施不放过。

6.6 文明施工与环境保护

6.6.1 装配式建筑施工现场文明施工措施

1. 场容场貌管理

(1) 按照要求实行封闭施工，施工区域围栏围护。大门设置门禁系统，按照实名制管理要求进场人员打卡进入。着装标准化，闲杂人员一律不得入内。

(2) 施工现场的场容管理，实施划区域分块包干，责任区域挂牌示意，生活区管理规定挂牌公示全体。

(3) 制定施工现场生活卫生管理、检查、评比考核制度。

(4) 工地主要出入口设置施工标牌，内容包括工程概况、主要管理人员名单、纪律牌、安全生产计数牌、施工总平面图和主要施工管理制度。

(5) 现场布置安全生产标语和警示牌。

(6) 施工区、办公区、生活区挂标志牌，危险区设置安全警示标志，在主要施工道路口设置交通指示牌。

(7) 确保周围环境清洁卫生，做到无污水外溢，围栏外无渣土、无材料、无垃圾堆放。

(8) 环境整洁，水沟通畅，生活垃圾每天清运，生活区域定期喷洒药水，灭菌除害。

2. 临时道路管理

（1）进出大门通道必须通畅，有回车余地、洗车台，车辆门前派专人负责指挥。

（2）现场施工道路畅通，平整、整洁。

（3）做好排水设施，场地及道路不积水。

（4）开工前做好临时便道，临时施工便道路面高于自然地面，道路外侧设置排水沟。

3. 材料堆放管理

（1）不允许材料堆放过高，防止倒塌下落伤人。

（2）进场材料严格按场布图指定位置进行规范堆放。

（3）现场材料员认真做好材料进场的验收工作（包括数量、质量、质量证明文件），并且做好记录（包括车号、车次、运输单位等）。

（4）材料堆放按场布图严格堆放，杜绝乱堆、乱放、混放。特别是杜绝把材料堆靠在围墙、广告牌后，以防受力造成倒塌等意外事故的发生。

4. 防火管理

（1）施工现场建立健全消防防火责任制和管理制度，并成立领导小组，配备足够、合适的消防器材及义务消防人。

（2）施工现场有消防平面布置图。

（3）建筑物每层配备消防设施，配备足够灭火器，放置位置正确，固定可靠。

6.6.2 装配式建筑工程施工现场环境保护措施

（1）在装配式建筑工程施工过程中，应建立健全环境管理体系，建立环境保护、环境卫生管理和检查制度，并应做好检查记录。对施工现场作业人员的教育培训、考核应包括环境保护、环境卫生等有关法律、法规的内容。

(2) 施工期间对施工噪声进行严格控制，减少人为施工噪声，以减少对周边环境的影响。确需夜间施工的，应办理夜间施工许可证明，并对外公示。

(3) 模板、脚手架、临时支撑在支设、拆除和搬运时，必须轻拿轻放。模板、钢管修理时，禁止使用大锤。

(4) 尽量避免或减少施工过程中的光污染。夜间室外照明灯应加设灯罩，透光方向集中在施工范围。电焊作业采取遮挡措施，避免电焊弧光外泄。

(5) 严防污染源的排放，现场设置污水池和排水沟，对废水、废弃涂料、胶料统一进行处理，严禁直接排放于下水管道内。

(6) 预制构件标识应采用绿色水性环保涂料或塑料贴膜等可清除材料。

(7) 混凝土外加剂、养护剂的使用，应满足环境保护和人身安全的要求。涂刷模板隔离剂时，宜选用环保型隔离剂，并防止洒漏。含有污染环境成分的隔离剂，使用后剩余的隔离剂及其包装等不得与普通垃圾混放，并应由厂家回收处理。

(8) 装配式建筑施工现场的主要道路必须进行硬化处理，土方应集中堆放。裸露场地和集中堆放土方应采取覆盖、固化或绿化等措施。施工现场土方作业应采取防止扬尘措施。预制构件运输过程中应采用减少扬尘措施。

(9) 不可循环使用的建筑垃圾，应集中收集，并及时清运至规定的地点。可循环使用的建筑垃圾，应加强回收利用。

(10) 建筑结构内的施工垃圾清运，采用搭设封闭式专用垃圾道运输，或采用容器吊运或袋装，严禁凌空抛撒。施工垃圾应及时清运，并适量洒水，减少污染。

(11) 施工现场内严禁焚烧各类废弃物。